高等学校基础化学实验系列教材

分析化学实验

柳玉英　王　平　张道鹏　主编

化学工业出版社

·北京·

《分析化学实验》介绍了实验室安全知识、常用仪器使用规范和实验基本操作等内容，并按基础、综合、设计三个层次安排了57个实验项目，主要侧重于定量分析。项目选取既注重培养学生的实际动手操作能力，又注意与生产生活如工业分析、食品分析、药物分析和环境分析相结合，以提高学生的学习兴趣。

《分析化学实验》可作为高等院校化学化工及其相关专业本科生的教材，也可供实验室分析人员参考使用。

图书在版编目（CIP）数据

分析化学实验/柳玉英，王平，张道鹏主编．—北京：化学工业出版社，2018.8（2023.2重印）
高等学校基础化学实验系列教材
ISBN 978-7-122-32277-7

Ⅰ.①分⋯　Ⅱ.①柳⋯②王⋯③张⋯　Ⅲ.①分析化学-化学实验-高等学校-教材　Ⅳ.①O652.1

中国版本图书馆 CIP 数据核字（2018）第 110323 号

责任编辑：宋林青　王　岩　　　　　文字编辑：刘志茹
责任校对：吴　静　　　　　　　　　装帧设计：关　飞

出版发行：化学工业出版社（北京市东城区青年湖南街13号　邮政编码100011）
印　　装：北京建宏印刷有限公司
710mm×1000mm　1/16　印张10¾　彩插1　字数208千字　2023年2月北京第1版第4次印刷

购书咨询：010-64518888　　　　　　售后服务：010-64518899
网　　址：http://www.cip.com.cn
凡购买本书，如有缺损质量问题，本社销售中心负责调换。

定　价：22.00元　　　　　　　　　　　　　版权所有　违者必究

《分析化学实验》编写组

主　　编：柳玉英　王　平　张道鹏
副 主 编：王粤博　刘　青　张　天　周　振　蔺红桃
参　　编：董丽丽　张志伟　范慧清　肖海滨　王素文
　　　　　杨　璐　王　倩

前　言

分析化学是一门实践性很强的学科，分析化学实验作为化学化工类专业重要的基础课之一，与理论课的教学密切配合，相辅相成。通过该课程的学习，可以使学生了解定量分析的一般过程，掌握分析化学的基本操作技能和常用仪器的使用方法，提高动手实践能力，准确树立"量"的概念；加深对分析化学基础理论的理解和掌握，做到理论联系实际；培养学生严密谨慎、实事求是的工作作风和科学态度；提高学生观察现象、发现问题和分析问题、勤于思考和解决问题的综合能力，有助于其具备进行科学实验的初步能力。

本书是为了配合《分析化学》理论课的教学而编写的实验教材，主要内容是定量分析，可用作高等院校化学化工类各专业及其相关专业的分析化学实验教材。

本书包括四个部分：分析化学实验基础知识、常用仪器及基本操作、实验和附录。为了强化学生的安全意识和环境保护意识，强化基本操作技能的训练，便于学生自学和指导学生的课前预习，本书对实验室的安全知识和常用仪器规范使用及实验的具体操作叙述较为详细；考虑实验室大都淘汰了阻尼天平的实际情况，书中只介绍电子天平的性能及使用；配合分析化学理论课教学方法和模式的改变，为了培养学生的创新意识、创新精神、创新能力，实验部分分层次编写了三种类型共计57个实验项目。第一层次是基础实验，即基本操作练习项目；第二层次是综合运用知识的综合性实验；第三层次是设计性实验。为了规范原始数据的记录，培养学生良好的实验习惯和严密谨慎、实事求是、精益求精的科学态度及求真务实的科学精神，在每个基础实验和综合性实验后均设有相应的数据记录表格；为了便于教师进行教学准备，并支持学生顺利完成实验的同时加深对理论知识的持续理解，每个实验均对实验过程中的注意事项加注了说明，并配有多个思考题；为了全面训练与提高学生查阅文献、处理数据、独立分析和解决实际问题、交流与合作以及创新研究的能力，本书的设计性实验只对每个项目进行了简单的提示，要求学生独立或分组设计合理完整的、切实可行的实验方案并独立完成实验。

本书的特点如下：一是基础知识和基本操作叙述详细全面，便于学生和相关分析工作者的自学；二是在严格的基本技能训练基础上，注重学生各种能力特别是创新能力的培养，引导学生体会主动发现、积极探索以及从"手艺"到"科学"的工匠精神；三是实验内容系统化、有层次，范围广，基础实验、综合实验和设计实验的比例各占35％、35％、30％左右，教学过程中可以根据客观条件及学生的实际情况进行选做，也可以针对不同的学生进行各种组合，实现因材施教，体现"以人为本"的教学理念；四是实验内容涵盖了工业分析、食品分析、药物分析、环境分析等多个应用领域，充分体现了分析化学学科在科学研究、国家安全和国民经济建设中的战略地位，可以有效提高学生的学习兴趣和自信心，培养学生高度的质量保障意识、安全意识和责任心，养成良好的职业道德。

本书的编写和实验工作是在山东理工大学化学化工学院分析化学教研室全体教师和无机化学教研室的部分教师共同努力下完成的。柳玉英、王平、张道鹏等负责教材内容和结构的编排以及部分内容的编写；张天、刘青、蔺红桃、周振、张志伟、董丽丽等负责部分基础性实验和综合性实验的编写，王粤博、刘青等负责部分设计性实验的编写。全书由柳玉英统稿，由刘青复阅与校正。此外，本书从前期的准备、编写到最终的出版，得到了学院和学校的大力支持与帮助，编写过程中也参考了国内优秀的分析化学实验教材及其他有关资料，在此一并表示衷心的感谢。

由于编者水平有限，书中难免有不妥之处，恳请广大读者给予批评指正，以便不断完善。

编　者

2018 年 4 月

目　　录

第1章　分析化学实验的基础知识 ··· 1
1.1　分析化学实验课的目的 ··· 1
1.2　分析化学实验课的要求 ··· 1
1.3　分析化学实验室的安全常识 ·· 2
1.3.1　防毒 ··· 2
1.3.2　防火 ··· 2
1.3.3　防爆 ··· 3
1.3.4　防腐蚀灼伤 ··· 3
1.4　试剂的一般知识 ··· 3
1.4.1　常用试剂的规格 ··· 3
1.4.2　取用试剂应注意事项 ··· 4
1.4.3　试剂的保管 ··· 4
1.5　分析用纯水 ··· 4
1.5.1　纯水的制备 ··· 4
1.5.2　纯水的检验 ··· 6
1.6　意外事故的处理 ··· 7
1.6.1　割伤、烫伤和化学灼烧 ··· 7
1.6.2　吸入刺激性气体或毒气 ··· 7
1.6.3　火灾 ··· 7
1.7　实验室"三废"的处理 ··· 8
1.7.1　废气 ··· 8
1.7.2　废液 ··· 8
1.7.3　固体废物 ··· 8
1.8　预习、实验数据的处理和实验报告 ··· 8
1.8.1　预习 ··· 8
1.8.2　实验数据的处理 ··· 9
1.8.3　实验报告 ··· 9

第2章　常用仪器及基本操作 ··· 10
2.1　定量分析中常用的仪器 ··· 10
2.2　玻璃器皿的洗涤 ·· 11
2.2.1　洗涤方法 ·· 11

2.2.2	常用的玻璃器皿洗涤剂	11
2.3	容量器皿的使用	12
2.3.1	滴定管及使用	12
2.3.2	移液管和吸量管的使用	16
2.3.3	容量瓶	18
2.4	容量器皿的校准	19
2.5	重量分析基本操作	21
2.5.1	蒸发	21
2.5.2	沉淀	21
2.5.3	陈化	21
2.5.4	过滤	21
2.5.5	沉淀的洗涤	24
2.5.6	沉淀的烘干和灼烧	24
2.6	分析天平	25
2.6.1	天平的种类	26
2.6.2	电子天平	26
2.6.3	称量方法	27
2.6.4	注意事项	28
2.7	分光光度计	28
2.7.1	分光光度计的构造	28
2.7.2	使用方法	29
2.7.3	注意事项	29

第3章 基础实验 ·········· 31

实验1 天平称量练习 ·········· 31
实验2 滴定分析基本操作练习 ·········· 33
实验3 容量分析仪器的校准 ·········· 36
实验4 粗盐的提纯 ·········· 40
实验5 铵盐中氮含量的测定 ·········· 43
实验6 有机酸摩尔质量的测定 ·········· 46
实验7 非水滴定法测定醋酸钠的含量 ·········· 48
实验8 EDTA标准溶液的配制与标定 ·········· 50
实验9 自来水总硬度的测定 ·········· 53
实验10 铝合金中铝含量的测定 ·········· 55
实验11 高锰酸钾标准溶液的配制与标定 ·········· 57
实验12 过氧化氢含量的测定 ·········· 59
实验13 葡萄糖含量的测定 ·········· 61

实验 14　铁矿石中铁含量的测定 …………………………………………… 64
实验 15　铜盐中铜含量的测定 …………………………………………… 66
实验 16　可溶性氯化物中氯含量的测定——莫尔法 …………………… 68
实验 17　可溶性硫酸盐中硫含量的测定 ………………………………… 70
实验 18　钢铁中镍含量的测定 …………………………………………… 72
实验 19　邻二氮菲光度法测定铁的含量 ………………………………… 74
实验 20　气体常数的测定 ………………………………………………… 77
实验 21　五水硫酸铜的制备与提纯及结晶水测定 ……………………… 80

第 4 章　综合性实验 ……………………………………………………… 83

实验 22　食醋总酸度的测定 ……………………………………………… 83
实验 23　盐酸、醋酸混合液中各组分的分别测定 ……………………… 85
实验 24　碱灰中总碱度的测定 …………………………………………… 87
实验 25　阿司匹林药物中乙酰水杨酸含量的测定 ……………………… 89
实验 26　石灰石中钙、镁含量的测定 …………………………………… 91
实验 27　铅、铋混合液中铅、铋含量的连续测定 ……………………… 93
实验 28　水泥中 SiO_2、Fe_2O_3、Al_2O_3、CaO、MgO 含量的测定 …… 95
实验 29　由易拉罐制备明矾及其纯度测定 ……………………………… 101
实验 30　水中化学需氧量的测定 ………………………………………… 104
实验 31　水中总余氯的测定 ……………………………………………… 106
实验 32　工业苯酚纯度的测定 …………………………………………… 108
实验 33　果蔬中抗坏血酸含量的测定 …………………………………… 110
实验 34　氯化物中氯含量的测定——佛尔哈德法 ……………………… 112
实验 35　肥料中钾含量的测定 …………………………………………… 114
实验 36　分光光度法测定废水中总磷的含量 …………………………… 116
实验 37　Al^{3+}-CAS 二元配合物与 Al^{3+}-CAS-CTMAB 三元配合物的光吸收
　　　　性质的比较 …………………………………………………… 118
实验 38　废水中六价铬含量的测定 ……………………………………… 121
实验 39　配合物的组成及稳定常数的测定 ……………………………… 123
实验 40　二氯化一氯五氨合钴(Ⅲ)的制备及其组成分析 ……………… 126
实验 41　分光光度法测定甲基橙的电离常数 …………………………… 129

第 5 章　设计实验 ………………………………………………………… 131

实验 42　混合碱中碳酸钠、碳酸氢钠含量的测定 ……………………… 131
实验 43　HCl-NH_4Cl 混合液中各组分含量的测定 ……………………… 133
实验 44　HCl、H_3PO_4 混合酸各组分含量的测定 ……………………… 134
实验 45　Na_3PO_4 和 Na_2CO_3 混合物中各成分含量的测定 ……………… 135
实验 46　醋酸解离度和解离常数的测定 ………………………………… 136

实验 47　胃舒平药物中铝、镁含量的测定 …………………………………… 137

实验 48　酸雨中 SO_4^{2-} 含量的测定 ……………………………………… 138

实验 49　Bi^{3+} 和 Fe^{3+} 混合液中 Bi^{3+} 和 Fe^{3+} 含量的分别测定 ………… 139

实验 50　水中溶解氧的测定 ……………………………………………… 140

实验 51　漂白粉中有效氯含量的测定 …………………………………… 141

实验 52　钢铁中铬、锰含量的同时测定 ………………………………… 142

实验 53　不锈钢中铬含量的测定 ………………………………………… 143

实验 54　法扬司法测定氯化物中的氯含量 ……………………………… 144

实验 55　蛋白质含量的测定 ……………………………………………… 145

实验 56　室内空气中甲醛含量的测定 …………………………………… 147

实验 57　硫酸亚铁铵的制备及纯度分析 ………………………………… 148

附录 …………………………………………………………………………… 149

附录 1　弱酸弱碱在水中的电离常数（25℃，$I=0$） …………………… 149

附录 2　滴定分析中常用的指示剂 ………………………………………… 151

附录 3　市售酸碱的浓度和密度 …………………………………………… 153

附录 4　常用缓冲溶液的配制 ……………………………………………… 153

附录 5　常用基准物质的干燥条件及应用 ………………………………… 154

附录 6　定量分析中常用的掩蔽剂 ………………………………………… 154

附录 7　定量滤纸的型号及用途 …………………………………………… 156

附录 8　常用干燥剂 ………………………………………………………… 156

附录 9　玻璃砂芯滤器新旧牌号对照及用途 ……………………………… 157

附录 10　常用坩埚的使用条件 …………………………………………… 157

附录 11　常见化合物的分子量 …………………………………………… 158

附录 12　定量分析化学实验仪器清单 …………………………………… 160

参考文献 ……………………………………………………………………… 161

第 1 章　分析化学实验的基础知识

1.1　分析化学实验课的目的

分析化学实验通过科学的方法和手段获取物质的某些信息，是一门实践性很强的学科。其教学任务和目的如下。

① 加深对分析化学基本概念和基本理论的理解。
② 正确、熟练地掌握化学分析的基本操作，掌握典型的分析方法。
③ 正确树立"量"、"误差"、"有效数字"等概念。
④ 培养理论联系实际、手脑并用和统筹安排等能力。
⑤ 培养综合能力，如资料的收集与整理，数据的分析与处理，问题的提出与分析，实验方案的设计等，激发学生的探究意识。
⑥ 培养严谨的科学态度以及实事求是、一丝不苟的工作作风，培养科学工作者应有的基本素质，为后续的学习和工作奠定良好的基础。

1.2　分析化学实验课的要求

① 课前全面预习　仔细阅读实验教材，结合理论课学习的基本原理以及网络教学平台的预习指导，明确实验的目的和任务，掌握实验原理和操作步骤以及注意事项，学习所用仪器的使用方法，设计实验数据记录表格，并做好必要的预习笔记和预习思考题。

② 课堂认真听讲　实验课上认真听取教师对实验原理、实验过程、基本操作、注意事项等的讲解，仔细观察教师的课堂演示，积极思考并回答教师提出的问题。

③ 实践中主动思考　实验过程中要细心观察现象并进行思考，认真思考每一步操作的目的和作用，所加入的试剂的作用以及所用量的影响。要做到理论联系实际。

④ 操作正确规范　应严格按照正确、规范的方法和步骤准备和使用实验仪器。如：移液管和滴定管的润洗、气泡的排除、溶液的转移、滴定管读数等。

⑤ 正确记录测量数据　实验数据要记在专用的实验记录本上，不许将实验数据记录在单页纸上或小纸片上，或随意记在其他地方。实验过程中的各种测量数据

和有关现象，都应及时、准确地记录下来。记录实验数据时，要有严谨的科学态度，要实事求是，切忌夹杂主观因素，不可随意拼凑和伪造数据。实验过程中涉及的各种特殊仪器的型号和标准溶液的浓度等，也应及时准确地记录下来。在记录实验数据时，要注意所用仪器的精度以及有效数字的位数。如用万分之一的分析天平称量时，要求记录至 0.0001g；滴定管的读数应记录至 0.01mL 等。实验过程中的每一个数据都是测量结果，所以在平行测定时，即使两个数据完全相同，也应记录下来。

⑥ 遵守实验室的规则　保持实验室的整洁、安静，保持实验台的整洁、有序。爱护仪器设备，树立环境保护意识，避免浪费试剂，预防意外事故发生。

⑦ 按时提交实验报告　实验完毕，要及时整理、计算和分析实验结果和数据，把感性认识上升到理性认识。对实验过程中出现的问题以及教师提出的思考题进行分析、讨论，认真、独立地完成实验报告。

1.3　分析化学实验室的安全常识

分析化学实验室中常备有某些易燃、易爆、有毒以及腐蚀性的试剂，要求学生在实验过程中，必须遵守实验室的各项制度和规则，确保人身安全和仪器设备的安全。

1.3.1　防毒

① 实验前，应了解所用药品的毒性及防护措施。

② 操作有毒气体（如 H_2S、Cl_2、Br_2、NO_2、浓 HCl 和 HF 等）应在通风橱内进行。

③ 汞盐、氰化物、As_2O_3、可溶性钡盐、重铬酸盐等试剂有毒，使用时要特别小心。氰化物与酸作用产生剧毒的 HCN！严禁在酸性介质中加入氰化物。

④ 苯、四氯化碳、乙醚、硝基苯等蒸气会引起中毒，应在通风良好的情况下使用。

⑤ 某些试剂如苯、有机溶剂、汞等能透过皮肤进入人体，应避免与皮肤接触。

⑥ 实验室内严禁饮食、吸烟，一切化学品禁止入口，实验器皿切勿用作食具，实验完毕要洗手。

1.3.2　防火

① 每个实验人员都必须知道实验室内电闸、水阀和煤气阀的位置，实验完毕离开实验室时，应将这些阀或闸关闭。

② 许多有机溶剂如乙醚、丙酮、乙醇、苯等非常容易燃烧，大量使用时室内不能有明火、电火花或静电放电。实验室内不可存放过多这类药品，用后要及时回

收处理，不可倒入下水道，以免聚集引起火灾。

③ 磷、金属钠、钾、电石及金属氢化物在空气中易氧化自燃，铁、锌、铝等金属粉末其比表面积较大，在空气中也易氧化自燃。这些物质应隔绝空气保存。

④ 使用四氯化碳、乙醚、苯、三氯甲烷等有毒或易燃的有机溶剂时，应远离火源和热源。低沸点的有机溶剂不能直接在火焰或热源（煤气灯或电炉）上加热，应在水浴上加热。使用过的有机溶剂不要倒入水槽中，应倒入回收瓶中。

⑤ 切勿用湿润的手去开启电闸或电器开关，不得使用漏电的仪器设备。

⑥ 分析天平、分光光度计、酸度计等是分析实验室常用的精密仪器，使用时应严格按照规程进行操作，使用完毕应将仪器各部分旋钮恢复到原来位置并断开电源。

⑦ 保持水槽清洁，切勿将固体物品投入水槽中，废纸和废屑应投入废纸箱内，废酸和废碱应小心倒入废液缸内，切勿倒入水槽内，以免腐蚀下水道。

1.3.3 防爆

① 使用可燃性气体时，要防止气体逸出，室内通风要好。

② 操作大量可燃性气体时，不仅要禁止使用明火，还要防止发生电火花及其他撞击火花。

③ 过氧化物、高氯酸盐、乙炔铜、乙炔银等化合物受震和受热都易引起爆炸，使用时要特别小心。

④ 严禁将强氧化剂和强还原剂放在一起。

⑤ 久藏的乙醚使用前应除去其中可能产生的过氧化物。

1.3.4 防腐蚀灼伤

① 切勿使浓酸、浓碱等腐蚀性试剂溅在皮肤、衣服或鞋袜上。使用浓的 HNO_3、HCl、H_2SO_4、$HClO_4$ 等溶样时，操作应在通风橱中进行。如不小心将酸或碱溅到皮肤上，应立即用水冲洗，再用 $50g·L^{-1}$ 碳酸氢钠溶液（酸腐蚀）或 $50g·L^{-1}$ 硼酸溶液（碱腐蚀）冲洗，最后再用清水冲洗。

② 溴、磷、钠、钾、苯酚、冰醋酸等试剂也会腐蚀皮肤，使用时应防止与皮肤接触。

1.4 试剂的一般知识

1.4.1 常用试剂的规格

化学试剂的规格是以所含杂质的量来划分的。表 1.1 是我国化学试剂等级对照。

表 1.1 化学试剂等级对照

等级	1	2	3	4	5
级别	一级品	二级品	三级品	四级品	
中文标志	优级纯	分析纯	化学纯	实验试剂	生物试剂
符号	GR	AR	CP	LR	BR，CR
标签颜色	绿色	红色	蓝色	棕色	黄色

此外，还有一些特殊用途的所谓"高纯"试剂。例如，"光谱纯（SP）"试剂，它是以光谱分析时出现的干扰谱线强度大小来衡量的，其杂质含量用光谱分析法已测不出或者其杂质含量低于某一限度；"色谱纯"试剂，是在最高灵敏度时以10^{-10}g下无杂质峰来表示的；"放射化学纯"试剂，是以放射性测定时出现干扰的核辐射强度来衡量的；"基准试剂"，其纯度相当于或高于保证试剂，用作滴定分析中的基准物，可用于直接配制或标定标准溶液。

在分析工作中，要合理使用化学试剂，既不超规格引起浪费，又不随意降低规格影响分析结果的准确度。不要盲目追求纯度高的试剂，应根据要求选用，且选用的试剂的纯度要与所用方法相当，实验用水、操作器皿等要与试剂的等级相适应。若试剂都选用 GR 级的，则不宜用普通的蒸馏水或去离子水，而应使用经两次蒸馏制得的重蒸馏水，所用的器皿质地也要求较高，使用过程中不应有物质溶解，以免影响测定的准确度。在一般的分析工作中，通常要求使用 AR 级的分析纯试剂。

1.4.2 取用试剂应注意事项

① 取用试剂时应注意保持清洁。瓶塞不允许任意放置，取用后应立即盖好，以防试剂被其他物质沾污或变质。

② 固体试剂应用洁净干燥的药匙取用。取用强碱性试剂后的药匙应立即洗净，以免腐蚀。

③ 用吸管吸取试剂溶液时，不能用未经洗净的同一吸管插入不同的试剂瓶中吸取试剂。

④ 所有盛装试剂的瓶上都应有清晰牢固的标签，注明试剂的名称、规格及配制日期。没有标签的试剂在未查明前不能随便使用。

1.4.3 试剂的保管

一般的化学试剂应保持在通风、干燥、洁净的库房内，防止水分、灰尘和其他物质沾污。

1.5 分析用纯水

1.5.1 纯水的制备

纯水是分析化学实验中最常用的纯净溶剂和洗涤剂。由于空气中的 CO_2 可溶于水，故纯水的 pH 常小于 7.0。分析的任务和要求不同，对纯水的纯度要求也不相同。一般的分析工作，采用蒸馏水或去离子水即可；对于超纯物质的分析，则需要纯度较高的"超纯水"。在分析化学实验中，离子选择电极法、络合滴定法和银量法要求所用水的纯度较高。

制备纯水有以下几种方法，制备方法不同，所含杂质的种类和量也各不相同。

（1）蒸馏法

蒸馏法设备成本低，操作简单，但能耗高，且只能除去水中非挥发性的杂质，而溶解在水中的气体并不能除去。另外，由于所用的蒸馏器材料不同，所带的杂质也不相同（见表 1.2）。通常使用的蒸馏器材质为玻璃、铜和石英。

表 1.2　蒸馏水中杂质含量

蒸馏器材质	杂质含量/mg·mL^{-1}				
	Mn^{2+}	Cu^{2+}	Zn^{2+}	Fe^{3+}	$Mo(VI)$
铜	1	10	2	2	2
石英	0.1	0.5	0.04	0.02	0.001

（2）离子交换法

用离子交换法制得的纯水称为去离子水，目前大多采用阴、阳离子交换树脂的混合床装置来制备。此法的优点是制备的水量大、成本低，除去离子的能力强；缺点是设备及操作较复杂，不能除去非电解质杂质，而且有微量树脂溶在水中。离子交换法制得的纯水杂质含量见表 1.3。

表 1.3　去离子水中杂质含量

杂质	Cu^{2+}	Zn^{2+}	Mn^{2+}	Fe^{3+}	$Mo(VI)$	Mg^{2+}	Ca^{2+}	Sr^{2+}
含量/mg·mL^{-1}	<0.002	0.05	<0.02	0.02	<0.02	2	0.2	<0.06
杂质	Ba^{2+}	Pb^{2+}	Cr^{3+}	Co^{2+}	Ni^{2+}	B、Sn、Si、Ag		
含量/mg·mL^{-1}	0.006	0.02	0.02	<0.002	0.002	可检出		

（3）电渗析法

电渗析法是在离子交换技术基础上发展起来的一种方法。它是在外电场的作用下，利用阴、阳离子交换膜对溶液中离子的选择性透过而使溶液中的溶质和溶剂分离。此法除去杂质的效果较低，制得的纯水水质较差，只适用于一些要求不太高的分析工作。

（4）反渗透法

反渗透法（RO）是当今最先进、最节能的分离技术之一，具有能耗低、无污染、工艺先进、操作简便等优点。用一半透膜把纯水和待处理水隔开，纯水有一种向待处理水内渗透的趋势，即有一渗透压存在。若在待处理的水一侧施加一个比渗透压还大的压力，则水即可从待处理水的一侧向纯水一侧渗透，即反渗透。通过反渗透可以有效地去除待处理水中的溶解盐、胶体、有机物等杂质。

(5) 电去离子法

电去离子法（EDI）是纯水生产领域一项具有革命性的技术突破。该方法是将电渗析与离子交换有机结合而形成的新型膜分离技术。在外加电场作用下，使离子交换、离子迁移、树脂电再生三个过程同时发生，既保留了电渗析可连续脱盐及离子树脂可深度脱盐的优点，又克服了电渗析浓差极化所造成的不良影响及离子交换树脂需用酸碱再生的麻烦和造成的环境污染，从而可以使制水过程连续进行，并能获得高质量的纯水。

无论用哪种方法制得的纯水均含有一定量杂质。所用的方法不同，其杂质的种类和含量也有所不同。用玻璃蒸馏器制得的水中含有较多的 Na^+、SiO_3^{2-}；用离子交换法或电渗析法制备的纯水中含有微生物和某些有机物等。

1.5.2 纯水的检验

纯水的质量可以通过检验相关的项目来控制。根据一般实验室要求，主要的检验项目如下。

(1) 电阻率

水的电阻率越高，表示水中的离子越少，水的纯度越高。25℃时，电阻率为 $1.0×10^6 \sim 10×10^6 \Omega \cdot cm$ 的水为纯水，电阻率大于 $10×10^6 \Omega \cdot cm$ 的水为高纯水。高纯水应保存在石英或塑料容器中。表 1.4 为各级水的电阻率。

表 1.4　各级水的电阻率

水的类型	电阻率(25℃)/Ω·cm	水的类型	电阻率(25℃)/Ω·cm
自来水	约 1900	混合床离子交换水	约 $12.5×10^6$
一次蒸馏水(玻璃)	约 $3.5×10^6$	28 次蒸馏水(石英)	约 $16×10^6$
三次蒸馏水(石英)	约 $1.5×10^6$	绝对水(理论最大电阻率)	$18.3×10^6$

(2) pH

用酸度计测定与大气相平衡的纯水的 pH，一般应为 6 左右。采用简易化学方法测定时，取两支试管，各加入 10mL 水，一支试管中滴加 0.2% 甲基红指示剂 2 滴，溶液不得呈现红色；另一支试管中滴加 0.2% 的溴百里酚蓝 5 滴，溶液不得呈现蓝色。空气中放置较久的纯水，因溶解有 CO_2，pH 可降至 5.6 左右。

(3) Cu^{2+}、Pb^{2+}、Zn^{2+}、Fe^{3+}、Ca^{2+}、Mg^{2+} 等金属离子

取 10mL 纯水，加 pH≈10 的氨-氯化铵缓冲溶液 5mL，调节 pH 为 10 左右，加入铬黑 T 指示剂 1 滴，如果呈现蓝色，说明 Cu^{2+}、Pb^{2+}、Zn^{2+} 等含量甚微，水合格；如呈现紫红色，则说明水不合格。

(4) 氯离子

取 10mL 纯水，用 HNO_3 酸化，加 1% $AgNO_3$ 溶液 2 滴，摇匀后不得有浑浊现象。

(5) 硅酸盐

取 10mL 纯水,加入 4mol·L^{-1} 的 HNO$_3$ 5mL、5% 的钼酸铵溶液 5mL,室温下放置 5min,加入 10% Na$_2$SO$_3$ 溶液 5mL,溶液不得现蓝色。

分析用的纯水必须严格保持纯净,防止污染。聚乙烯容器是贮存纯水的理想容器。

1.6 意外事故的处理

1.6.1 割伤、烫伤和化学灼烧

① 割伤 先用药棉揩净伤口,伤口内若有玻璃碎片或污物,应先取出异物,用蒸馏水洗净伤口,然后涂红药水,并用消毒纱布包扎,或贴创可贴。如果伤口较大,应立即到校医院处理。

② 烫伤 可用高锰酸钾或苦味酸溶液揩洗,再抹上凡士林或烫伤膏。切勿用水冲洗,更不能把烫起的水泡戳破。严重时就医。

③ 酸、碱灼伤皮肤 立即用大量水冲洗,酸灼伤用碳酸氢钠饱和溶液冲洗,再用水冲洗,然后涂敷氧化锌软膏;碱灼伤用 1%~2% 乙酸溶液或硼酸饱和溶液冲洗,再用水冲洗,然后涂敷硼酸软膏。

④ 酸、碱灼伤眼睛 不要揉搓眼睛,立即用大量水冲洗,酸灼伤用 3% 的碳酸氢钠溶液(碱灼伤用 3% 的硼酸溶液)淋洗,然后用蒸馏水冲洗。

⑤ 碱金属氰化物、氢氰酸灼伤皮肤 用高锰酸钾溶液冲洗,再用硫化铵溶液漂洗,然后用水冲洗。

⑥ 溴灼伤皮肤 立即用乙醇冲洗,然后用水冲洗,再抹上甘油或烫伤膏。

1.6.2 吸入刺激性气体或毒气

① 误吸入有毒气体(如煤气、硫化氢等)而感到不适时,应及时到窗口或室外呼吸新鲜空气。

② 误吸入溴蒸气、氯气等有毒气体时,立即吸入少量酒精和乙醚的混合蒸气,以便解毒。

1.6.3 火灾

① 首先应切断电源,关闭可燃性气体的器皿,移走周围的易燃物品,以免火势蔓延。

② 小火用湿布、石棉布或砂子覆盖燃物;大火应使用灭火器,而且需根据不同的着火情况选用不同的灭火器(二氧化碳灭火器可用于有机溶剂着火;泡沫灭火器适用于扑灭油类物质引起的火灾;干粉灭火器用于扑灭油类、可燃性气体等引起的火灾;高效阻燃灭火器适用于油类、可燃性气体、电气等引起的多种火灾,具阻燃和灭火的双重功效;1211 型灭火器适用于扑救易燃、可燃液体、气体以及带电

设备的火灾，尤其适用于扑救精密仪表、计算机、珍贵文物以及贵重物资仓库的火灾）。

③ 油类、有机溶剂（如酒精、苯或醚等）着火时，应立即用湿布、石棉或砂子覆盖燃物；如火势较大，可使用 CO_2 泡沫灭火器或干粉灭火器，不可用水扑救。

④ 活泼金属着火，可用干燥的细砂覆盖灭火。

⑤ 仪器、电气设备着火，先切断电源，小火可用石棉布或湿布覆盖灭火，大火用四氯化碳灭火器灭火，亦可用干粉灭火器或1211型灭火器灭火，绝对不可用水或 CO_2 泡沫灭火器。

⑥ 衣服着火，应迅速脱下衣服，或用石棉布覆盖着火处，或卧地打滚。

1.7　实验室"三废"的处理

实验过程中产生的"三废"——废气、废液及固体废物，大多是有毒的。为了防止环境污染，保障教学、科研等各项工作的顺利进行，有必要对"三废"进行合理的回收和处理。

1.7.1　废气

产生少量有机、无机气体的实验应在通风橱内进行，通过排风设备将少量毒气排到室外。

1.7.2　废液

① 实验所产生的对环境有污染的废液应分类倒入指定容器储存。

② 酸性、碱性废液按其化学性质，分别进行中和或稀释处理后排放。

③ 有机物废液集中于废液桶，进行回收、转化、燃烧等处理。

1.7.3　固体废物

① 实验过程中所产生的固体废弃物，如纸屑、矿泉水瓶、破损的玻璃仪器等，及时处理，保持实验室卫生整洁。

② 不溶于水的废弃化学药品禁止丢进水槽中，应集中收集，用焚烧或用化学方法处理成无害物。

③ 不便于实验室处理的固体废物，不能丢进废纸篓内，应由指导老师统一收集送专门处理单位处理。

1.8　预习、实验数据的处理和实验报告

1.8.1　预习

认真阅读教材的相关内容，查阅有关资料，了解实验的目的、要求和原理，掌

握仪器的使用方法，结合具体实验内容和有关参考资料，写出预习报告。预习报告的主要内容为：实验目的、简单原理、操作步骤和注意事项、原始数据记录表格。要用自己的语言简明扼要地写出预习报告。

1.8.2 实验数据的处理

为了衡量分析结果的精密度，一般对平行测定的一组结果实验数据要用统计学的有关方法进行处理，计算其算术平均值、标准偏差、相对标准偏差等。如果某一数值离群较远时，称其为可疑值。可疑值的取舍用格鲁布斯法、$4d$ 法或 Q 法进行判断。

1.8.3 实验报告

实验结束后，要及时、认真写好实验报告。分析化学的实验报告一般包括以下内容。

① 实验名称。

② 实验原理：用文字和化学反应式简要说明实验原理。对于特殊实验装置，应画出实验装置简图；对于滴定分析，通常应有标定和滴定反应方程式，并应有计算公式。

③ 实验步骤：用文字或方框图简要描述。

④ 实验数据及其处理：用文字、表格、图形等将数据表示出来，根据实验要求计算分析结果，并计算和分析误差的大小。

⑤ 问题讨论：对实验过程中观察到的现象、误差产生的原因等进行讨论和分析，写出实验的体会并提出改进意见。

⑥ 回答思考题。

实验报告的重点是数据处理、结果分析和讨论、思考题的回答。

第 2 章　常用仪器及基本操作

2.1　定量分析中常用的仪器

分析化学实验中常用的仪器大部分是玻璃器皿。玻璃仪器按照玻璃性能分为可加热的（如各类烧杯、烧瓶、试管等）和不宜加热的（如试剂瓶、量筒、容量瓶等）；按用途可分为容器类（如烧杯、试剂瓶等）、量器类（如吸管、容量瓶等）和特殊用途类（如干燥器、漏斗等）。常用仪器见图2.1。

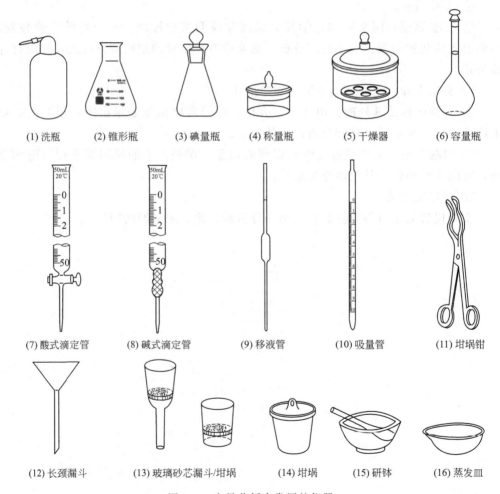

图 2.1　定量分析中常用的仪器

2.2 玻璃器皿的洗涤

2.2.1 洗涤方法

一般的器皿如烧杯、锥形瓶、试剂瓶、表面皿等，可用刷子蘸取洗涤剂直接刷洗其内外表面，然后用自来水冲洗，再用蒸馏水或去离子水润洗 2~3 次；滴定管、移液管、容量瓶等具有精确刻度的容器，为了避免容器内壁受机械磨损而影响其准确度，通常不用刷子刷洗，而是用合适的洗涤剂淌洗，必要时把洗涤剂加热，并浸泡一段时间，然后再依次用自来水、蒸馏水冲洗、润洗；光度分析所用的比色皿，是由光学玻璃制成的，也不能用毛刷刷洗，要视其沾污的程度，选用合适的洗涤剂浸泡。

洗干净的玻璃器皿，其内壁应能被水均匀润湿而无条纹，且不挂水珠。用纯水冲洗仪器时，采用顺壁冲洗并加摇荡以及少量多次的冲洗办法，可以节约用水、提高效率。

2.2.2 常用的玻璃器皿洗涤剂

（1）合成洗涤剂

合成洗涤剂主要指洗衣粉、洗洁精等，大部分的仪器都可以用它们洗涤。

（2）盐酸洗液

用化学纯的盐酸与水以 1∶1 的体积比混合，配成的洗涤液属于还原性的强酸洗液，可用于洗涤器皿上的金属氧化物和金属离子。

（3）高锰酸钾碱性洗液

用于洗涤器皿上的油污及有机物，洗后玻璃壁上可能附着少量的 MnO_2 沉淀，可用粗亚铁盐或亚硫酸钠溶液洗去。该洗涤液的配制方法如下：称取高锰酸钾 4g，溶于少量水中，缓缓加入 100mL 10% 的 NaOH 溶液。

（4）碱性酒精洗液

将 NaOH 配成 30%~40% 的酒精溶液，用于洗涤器皿上的油污及某些有机物。注意洗涤精密仪器时，不可长时间浸泡，以免腐蚀玻璃。

（5）草酸洗液

取 5~10g 草酸，溶于 100mL 水中，加数滴浓盐酸，配成的洗液可洗去器壁上沉积的 MnO_2 沉淀。

（6）酒精-浓硝酸洗液

该洗涤液可洗涤沾有有机物或油污的结构较复杂的仪器。洗涤时先加少量酒精于仪器中，再加少量浓硝酸，即产生大量 NO_2。注意采取防护措施。

（7）硝酸-氢氟酸洗液

将 50mL 氢氟酸、100mL 硝酸和 350mL 水混合，得到的洗涤液可有效去除器皿表面的金属离子。较脏的仪器应先用其他洗涤剂及自来水清洗后再用此溶液洗涤。该洗涤液对玻璃、石英器皿的洗涤效果较好，但对器皿表面有一定的腐蚀作用，因此精密量器、标准磨口、活塞、玻璃砂芯滤器、比色皿等光学玻璃都不宜使用该洗涤剂。另外，使用时，操作人员要戴防护手套。

(8) 铬酸洗液

铬酸洗液具有较强的氧化性和酸性，适合于洗涤无机物和部分有机物，加热至 70~80℃时效果更好。其配制方法是：取重铬酸钾 20g，加水 40mL，加热溶解，冷却后缓缓加入 320mL 浓硫酸，边加边搅拌，贮于磨口试剂瓶中。使用铬酸洗液应注意以下事项。

① 由于铬属于有毒元素，大量使用会造成环境污染，因而，凡是能用其他洗涤剂洗涤的器皿，尽量不要使用铬酸洗液。

② 使用时要避免被水稀释。加洗液之前应尽量除去仪器内的水分。

③ 洗液要循环使用。使用后将其倒回原瓶，并用瓶盖盖严。当洗液变为绿色时，表明洗液中的六价铬变成了三价，其氧化能力显著降低，洗液已失效。

④ 欲用铬酸洗液洗涤的仪器中不能存有残留的氯化物，否则加入铬酸洗液后会产生有毒的氯气而逸出。

2.3　容量器皿的使用

容量分析中常用的玻璃器皿有滴定管、移液管、吸量管、容量瓶、量筒等量器，也有锥形瓶、烧杯、称量瓶等其他非量器的器皿。

2.3.1　滴定管及使用

滴定管是滴定时用来滴加溶液并准确测量流出的操作溶液体积的量器。常量分析最常用的是容积为 50mL 的滴定管，其最小刻度为 0.1mL，读数可达到小数点后第二位，即最小刻度可估计到 0.01mL。另外，还有 10mL、5mL、2mL 和 1mL 的微量滴定管。

滴定管的容量精度分为 A 级和 B 级。按规定，滴定管上应以喷、印的方法标有以下清晰可见的耐久性标志：制造厂商标、标准温度（20℃）、量出式符号（Ex）、精度级别（A 或 B）等。非标准滴定管的旋塞与塞套上应分别标有相同的标记。目前使用的滴定管大多是非标准旋塞，即旋塞不可互换。

滴定管一般分为两种：一种是具塞滴定管，称为酸式滴定管；另一种是无塞滴定管，称为碱式滴定管（见图 2.1），管身与下端的细管之间用乳胶管连接，胶管内有一玻璃珠，用手挤捏玻璃珠周围的胶管时会形成一条缝隙，溶液即可流出。酸式滴定管用来装酸性、中性和氧化性的溶液，但不宜装碱性溶液，因为碱性溶液能够腐蚀玻璃和旋塞，时间久了，旋塞难以转动。碱式滴定管则用来装碱性及无氧化性的溶液，高锰酸钾、碘、硝酸银等能够与乳胶管发生反应的溶液则不能装入碱式滴定管。滴定管除无色的外，还有棕色的，用于装见光易分解的溶液，如硝酸银、高锰酸钾等溶液。近年来，已有采用聚四氟乙烯材质制成旋塞的玻璃滴定管，可不受溶液酸碱性的限制。

(1) 酸式滴定管的准备

① 清洗　自来水冲洗，零刻度线以上可以用滴定管刷蘸洗涤剂刷洗，零刻度线以下不能用刷子刷。如滴定管沾污程度较大，可采用洗液洗涤。其洗涤方法是：滴定管中加入 10mL 左右洗液，边转动边将滴定管放平，并将滴定管口对准洗液瓶口，以防洗液外流。洗完后将一部分洗液从上管口放回原瓶，最后打开旋塞，将剩余的洗液从下管口放回原瓶。必要时可将洗液加满全管进行浸泡。最后用自来水冲洗，并用蒸馏水润洗 2~3 次。洗涤后的滴定管内壁应不挂水珠。

② 检查旋塞是否转动灵活、是否漏水　在滴定管中装入蒸馏水，将其固定在滴定管架上，静置几分钟，观察是否有漏水现象，然后将旋塞旋转 180°，检查是否漏水。转动旋塞，确保能够灵活转动并控制滴定速度。如有漏水或旋塞转动不够灵活，则应给旋塞涂抹凡士林。操作方法如下。

a. 取下旋塞，用滤纸将旋塞和旋塞套擦干。

b. 将凡士林涂抹在旋塞的大头上，再用玻璃棒将少量凡士林涂抹在旋塞套的小口内侧（见图 2.2）。注意凡士林不要涂的太多，否则容易堵塞旋塞孔；而涂的太少，旋塞转动不灵活，且易漏水。另外，凡士林不要涂在旋塞孔上、下两侧，以免堵塞旋塞孔。

图 2.2　酸式滴定管活塞涂油

c. 将旋塞插入旋塞套中，注意旋塞孔应与滴定管平行，不要转动旋塞，以免将凡士林挤到旋塞孔中。然后，向同一方向旋转旋塞，直到旋塞与旋塞套上的凡士林全部均匀透明为止。套上橡皮圈。

(2) 碱式滴定管的准备

① 检查　检查乳胶管是否老化、玻璃珠大小是否合适。

② 洗涤　洗涤方法与酸管相同，只是如果需要洗液洗涤时，要将乳胶管除去，用橡胶乳头堵住滴定管下口。

(3) 操作溶液的装入和气泡的排除

装入操作溶液前，应将试剂瓶中的溶液摇匀，然后将操作溶液直接倒入滴定管中，不得用其他容器（烧杯、漏斗、量筒等）来转移。左手前三指持滴定管上部无刻度处，并将滴定管稍微倾斜，右手握住试剂瓶，缓慢向滴定管中倒入操作溶液。

先用操作溶液将滴定管润洗三次，每次加入 10～15mL，双手拿住滴定管两端无刻度处，慢慢转动滴定管，使溶液润洗到滴定管的整个内壁，再将溶液分别从上下两端口放出（弃去）。每次尽量放尽残留液。最后将旋塞关闭，将操作液倒入滴定管至 0 刻度线以上。

检查滴定管的出口管是否充满溶液，是否有气泡。如有气泡，必须排除。排气泡的方法如下。

① 酸式滴定管　右手拿住滴定管上部，使滴定管倾斜 30°，左手迅速打开旋塞使溶液冲出（下面用烧杯承接溶液），这时出口管应不再留有气泡，若仍有未排出的气泡，可重复此操作。

② 碱式滴定管　将滴定管装入溶液后，垂直固定在滴定管架上，左手拇指和食指捏住玻璃珠部位，使乳胶管弯曲，出口管向上倾斜，挤捏乳胶管，使溶液从管口喷出（见图 2.3），捏住乳胶管并使其垂直。注意：应在乳胶管放直后再松开拇指和食指，否则出口管仍会有气泡。最后，将滴定管外壁擦干。

(4) 滴定管读数

滴定管读数应遵循以下原则。

① 装满或放出溶液后，必须等 1～2min，使附着在内壁的溶液流下来再进行读数。每次读数前要检查一下管壁和尖嘴上是否挂水珠。

② 滴定管要垂直，视线与弯液面要在同一水平面上。一般是将滴定管从滴定管架上取下，用右手大拇指和食指捏住滴定管上部，使滴定管自然垂直。

③ 对于无色或浅色溶液，应读取弯月面的下缘最低点，即视线应与弯月面下缘的最低点在同一水平面上（见图 2.4）；对于有色溶液，其弯月面不够清晰，可读取液面两侧的最高点，此时视线应与该点水平。注意初读数与终读数应采用同一标准。

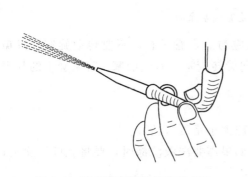

图 2.3　碱式滴定管排气泡的方法

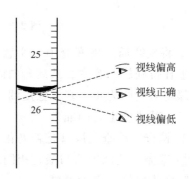

图 2.4　读数时视线的位置

④ 读数必须读至小数点后第二位。滴定管上两个最小刻度之间为 0.1mL，要正确估读其十分之一的值，即要求估读到 0.01mL。

⑤ 为了便于读数，可在滴定管后衬一黑白两色的读数卡。读数卡是用贴有黑纸或涂有黑色长方形（约 3cm×1.5cm）的白纸板制成。读数时，将读书卡放在滴定管背后，使黑色部分在弯月面下约 0.5cm 处，此时即可看到弯月面的反射层全部成为黑色（见图 2.5）。读此黑色弯月面下缘的最低点。对深色溶液需读两侧最高点时，可以白色卡片作为背景。

⑥ 对于有蓝带的滴定管，管中的溶液将出现两个弯月面的上下两个尖端相交，读数时应读取该相交点的位置。

（5）滴定管的操作方法

① 将滴定管垂直固定在滴定管架上。

② 用酸式滴定管滴定时，左手无名指和小指向手心弯曲，轻轻贴着出口管，用其余三个指头控制旋塞的转动（见图 2.6）。注意不要向外用力，以免推出旋塞导致漏水。

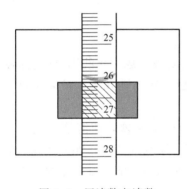
图 2.5　用读数卡读数

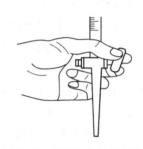
图 2.6　酸式滴定管的操作

③ 用碱式滴定管滴定时，左手拇指在前，食指在后，其余三个指头辅助夹住出口管，拇指和食指在玻璃珠所在部位向一边（左右均可）挤乳胶管，使溶液从玻璃珠旁边的空隙流出（见图 2.7）。注意：不要用力捏玻璃珠，也不要使玻璃珠上下移动；不要捏到玻璃珠下部的乳胶管，以免进入空气而产生气泡；停止滴加溶液时，应先松开拇指和食指，最后松开其他手指。

（6）滴定操作

滴定操作可在锥形瓶或烧杯中进行。其操作方法和注意事项如下。

① 在锥形瓶中进行滴定时，用右手前三指拿住锥形瓶的瓶颈，使瓶底离滴定台 2~3cm，调节滴定管的高度，使滴定管的下端伸入瓶口约 1cm，左手控制滴定管滴加溶液，右手按顺时针（或反方向）摇动锥形瓶（见图 2.8）。

② 在烧杯中进行滴定时，将烧杯放在滴定台上，调节滴定管的高度，使滴定管下端伸入烧杯内约 1cm。滴定管下端应在烧杯中心的左后方位置，不要靠烧杯内壁过近。左手滴加溶液，右手持玻璃棒搅拌溶液（见图 2.9）。玻璃棒应作圆周搅动，不得碰到烧杯内壁和底部。

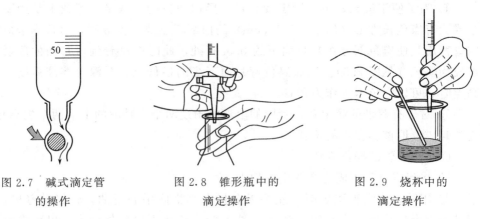

图 2.7 碱式滴定管的操作　　图 2.8 锥形瓶中的滴定操作　　图 2.9 烧杯中的滴定操作

③ 滴定时，左手不能离开旋塞任其自流。

④ 摇动锥形瓶时，应使溶液向同一方向旋转，不能前后、上下振动，以免溶液溅出。

⑤ 注意观察溶液落点及周围溶液颜色的变化。

⑥ 开始滴定时，滴定速度可稍快，但不要使溶液流成"水线"，滴定速度以每秒 3~4 滴为宜；近终点时，应逐滴滴加溶液，加一滴摇动几下；最后是每加半滴摇动几下。

⑦ 滴加半滴的操作方法：轻轻转动酸式滴定管的旋塞，使溶液悬挂在出口管嘴上，形成半滴，用锥形瓶内壁将其沾落，再用洗瓶吹洗瓶壁；如果用碱式滴定管滴加半滴溶液，应先松开拇指与食指，将悬挂的半滴溶液沾在锥形瓶内壁上，再放开其他手指，以免出口管出现气泡。

⑧ 每次滴定最好都从 0.00mL 开始，或从 0 附近的某一固定刻度开始，以减小系统误差。

⑨ 滴定结束时，滴定管内的溶液应弃去，不得倒回原试剂瓶中。洗净滴定管，并用蒸馏水充满全管，或将滴定管倒立固定在滴定管架上，备用。

2.3.2　移液管和吸量管的使用

移液管和吸量管都是用来准确量取一定体积的溶液的玻璃量器。

移液管的中腰膨大，上下两端细长（见图 2.10），上端刻有一环形标线，膨大部分标有容积和温度。在标明的温度下，将溶液吸入管内，使液面与标线相切，再放出，则流出的溶液的体积与管上标明的体积相同。常用的移液管容积有 5mL、10mL、25mL、50mL 等。

吸量管则是带有分刻度的吸管（见图 2.11），可以准确量取所需要的刻度范围内某一体积的溶液，其准确度比移液管要差一些。将溶液吸入，读取与液面相切的刻度，然后将溶液放至适当刻度，两刻度之差即为放出溶液的体积。常用的吸量管有 1mL、2mL、5mL、10mL 等规格。

图 2.10　移液管　　　　　　　图 2.11　吸量管

(1) 洗涤

移液管与吸量管应按照以下方法洗涤至内壁不挂水珠：将吸管插入洗涤液中，用洗耳球将洗涤液吸至管容积的 1/3 处。用食指堵住管口，一边将管慢慢倾斜直至水平，一边旋转管身，用洗液淌洗整个管内壁，然后将洗液分别从管的上下两端放出，再用自来水和蒸馏水分别冲洗。用滤纸擦干管外壁的水分。

(2) 润洗

移取溶液前，必须用待移取的溶液将吸管内壁润洗 2～3 次，以确保转移的溶液浓度不变。左手拿洗耳球，食指或拇指放在洗耳球的上方，其余手指自然握住洗耳球，右手的拇指和中指捏住吸管标线以上的位置，将洗耳球对准移液管口（见图 2.12），再将管尖端伸入溶液中，待溶液被吸至管容积的 1/4 左右，移开吸管，按照洗涤移液管相同的方法润洗 3 次。

(3) 移取溶液

移液管或吸量管经过润洗后，可直接用来移取溶液。将吸管插入液面下 1～2cm 处吸取溶液。注意管尖不要伸入太浅，以免液面下降而吸入空气；也不要伸

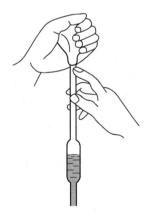　　　　　　　

图 2.12　吸取溶液　　　　　　　图 2.13　放出溶液

入太深，以免外壁附有过多溶液。当洗耳球缓慢放松时，管中的液面徐徐上升。当液面上升至刻度线以上时，移去洗耳球，并用右手食指迅速堵住管口，左手拿起盛待移取溶液的容器，将吸管提起，使之离开液面，倾斜容器，使吸管尖端紧贴容器内壁，右手拇指和中指轻轻转动吸管，并减轻食指的压力，使液面缓缓下降，与此同时，眼睛平视刻度，直至溶液弯月面下缘与刻度线相切，立即用食指堵紧管口（见图2.12）。左手放下原来的器皿，改拿接收溶液的容器，将吸管移入容器中，保持吸管垂直，将容器倾斜，使其内壁紧贴吸管尖端（见图2.13），放开食指，使溶液自由流出。待溶液液面下降到管尖端后，停留15s左右，移出吸管。此时，管末端仍留存少量溶液，对此，除管身标有"吹"字的以外，其余的均不得将留在管端的溶液吹入接收容器内。吸管用毕，应洗净并放在吸管架上。

2.3.3 容量瓶

移液管、吸量管、滴定管属于量出式（符号为Ex）容器，而容量瓶是量入式（符号为En）容器，是一种细颈梨形的平底瓶（见图2.14），具磨口玻璃塞或塑料塞，瓶颈上刻有标线，瓶上标有容积和温度。在标示温度下，当液体充满至标线时，瓶内所装溶液的体积和瓶上所标示的容积相同。容量瓶主要用于准确配制一定体积的溶液，或将准确体积的浓溶液稀释成准确体积的稀溶液，这一过程通常称为"定容"。常用的容量瓶有50mL、100mL、250mL、500mL、1000mL等多种规格。使用容量瓶的方法和注意事项如下。

（1）检漏

使用容量瓶前一定先检查是否漏水。检查瓶塞是否漏水的方法如下：加水至刻度线附近，盖好瓶塞，左手用食指按住塞子，其余手指拿住瓶颈标线以上部分，右手用指尖托住瓶底，倒立容量瓶（见图2.15），2min后检查是否有水漏出。如不漏水，将容量瓶直立，转动瓶塞180°后，再倒立2min，检查是否漏水。

（2）洗涤

容量瓶的洗涤原则和方法同前面的滴定管和移液管。

（3）配制溶液

用容量瓶配制准确体积的溶液时，大多是将准确称量过的固体样品置于烧杯中，加少量水或其他溶剂将其溶解，然后将溶液定量转移至容量瓶中。定量转移溶液时，一手拿玻璃棒，一手拿烧杯，玻璃棒悬空伸入容量瓶口中，下端应靠在瓶颈内壁上，烧杯嘴紧靠玻璃棒，使溶液沿玻璃棒流入容量瓶中（见图2.16）。当烧杯中的溶液流尽后，将烧杯顺着玻璃棒轻轻上提并直立，使附在玻璃棒、烧杯嘴之间的溶液回到烧杯中，再将玻璃棒放回烧杯中。用洗瓶吹洗玻璃棒和烧杯内壁，并将溶液转入容量瓶中。如此吹洗、转移的操作要重复3次以上。最后加蒸馏水至容量瓶容积的2/3左右时，拿起容量瓶并旋摇，使溶液混合均匀，继续加水至近刻度线时，静置1~2min，使附在瓶颈内壁的溶液流下后，用滴管滴加蒸馏水至弯月面的

图 2.14　容量瓶　　　图 2.15　检查漏水和混匀　　　图 2.16　转移溶液的操作
　　　　　　　　　　　　　　　溶液的操作

下缘与刻度线相切。盖上瓶塞，按照检漏的方法倒立容量瓶，使瓶内气泡上升至顶部，摇动容量瓶数次，再倒过来，如此反复倒转、摇动十多次，使瓶内溶液充分混合均匀。

（4）容量瓶不宜长期存放溶液

配好的溶液如需长期保存和使用，应将其转移至试剂瓶中，不要长期保存在容量瓶中。试剂瓶应预先经过干燥处理或用该溶液润洗 3 次，确保转移后溶液的浓度不发生改变。

（5）不要将瓶塞随意放置

使用容量瓶时，应将瓶塞系在瓶颈上，不要随便取下放在实验台上，以免沾污。如瓶塞为平头的塑料塞，取下时要将其倒置在台面上。

（6）注意使用温度

容量瓶的使用温度应与瓶上标示的温度相近，不能加热、烘烤。需要干燥时，可用乙醇等有机溶剂润洗，自然晾干或冷风吹干。

2.4　容量器皿的校准

容量瓶、滴定管、移液管等量器，其刻度、标示容量与实际值不完全相符（存在允差）。合格产品的容量误差小于允差，无需校准。而对某些产品质量不高的容量器皿或是进行高精度的定量分析时，容量器皿的校准则是一项不可忽视的工作，否则，会给分析结果带来系统误差。

容量器皿校准的方法有两种，一种是称量法，另一种是相对校准法。

（1）称量法

称量法是指用分析天平称量被校量器量入或量出的纯水的质量 m，再根据测定温度下纯水的密度 ρ 计算出被校准量器在 20℃ 时的实际容量。

$$V_{20} = \frac{m}{\rho_w}$$

式中，m 为校准容器所量入或量出的水的质量，g；ρ_w 为温度 t 时纯水的密度，$g \cdot mL^{-1}$。

纯水在不同温度下的密度见表 2.1。

表 2.1　不同温度下纯水的密度

温度/℃	密度/$g \cdot mL^{-1}$	温度/℃	密度/$g \cdot mL^{-1}$	温度/℃	密度/$g \cdot mL^{-1}$
10	0.99839	18	0.99751	26	0.99593
11	0.99833	19	0.99734	27	0.99569
12	0.99824	20	0.99718	28	0.99544
13	0.99815	21	0.99700	29	0.99518
14	0.99804	22	0.99680	30	0.99491
15	0.99792	23	0.99660	31	0.99464
16	0.99778	24	0.99638	32	0.99434
17	0.99764	25	0.99617	33	0.99406

在实际校准时，纯水的质量是在空气中称量的。因此，在用称量法校准时，应考虑空气浮力对质量的影响、纯水的密度随温度的变化以及玻璃容器本身容积随温度的变化三个因素的影响，并加以校正。通常情况下，玻璃的膨胀系数较小，因而在温度相差不大的情况下，其容量随温度的变化可以忽略。

（2）相对校准法

分析化学实验中，经常利用容量瓶配制溶液，再用移液管移取其中的一部分进行测定，此时，只要求这两种容器之间有一定的比例关系，而无需知道它们各自的准确体积，这时可用相对校准法。如用 25mL 移液管移取纯水 4 次于洁净、干燥的 100mL 容量瓶中，观察蒸馏水的弯月面下缘是否与容量瓶的刻度线上缘相切。若不相切，应在容量瓶的瓶颈上重新标记，以后此移液管和容量瓶配套使用时，应以此标记为准。

（3）校准注意事项

校准是一项技术性较强的工作，操作要准确、规范，校准过程中要注意以下事项。

① 校准次数不应少于 2 次，且两次校准数据的偏差不应超过该容量器皿允许偏差的 1/4，并取其平均值作为校准值。

② 蒸馏水是新制备的。

③ 温度计的分度值为 0.1℃。

④ 室温最好控制在 20℃±5℃，校准前，量器和纯水应在该室温达到平衡。

⑤ 实验室内光线要明亮、均匀。

⑥ 量入式容器要提前干燥，可用热气流烘干或用乙醇润洗后晾干，再放到天平室达平衡。

⑦ 如果温度超过 20℃±5℃，大气压力及湿度变化较大，则应根据下式计算实

际容量：

$$V_{20} = \frac{m}{\rho_w - \rho_A} \times \left(1 - \frac{\rho_A}{\rho_B}\right) \times [1 - \gamma(t-20)]$$

式中，m 为校准容器所量入或量出的水的质量，g；ρ_w、ρ_A、ρ_B 分别为温度 t 时纯水、空气和砝码的密度，$g \cdot mL^{-1}$；γ 为量器材料的体胀系数，$℃^{-1}$；t 为校准时纯水的温度，℃。

2.5 重量分析基本操作

沉淀重量分析法是利用沉淀反应使被测组分转变为沉淀，再通过烘干或灼烧将沉淀形式转化成称量形式，通过称量其质量进行结果的计算。重量分析的基本操作一般包括以下几种。

2.5.1 蒸发

蒸发溶液最好在水浴锅上进行，也可以在电热板或温度较低的垫有石棉网的电炉上进行。在电热板或电炉上加热时要注意控制温度，切勿剧沸。蒸发时应加盖表面皿。

2.5.2 沉淀

通过加入沉淀剂使待测组分沉淀下来。沉淀时的温度、试剂加入的顺序、浓度、速度以及沉淀的时间等条件应根据沉淀的类型不同而不同。晶形沉淀须用稀溶液、热溶液，在搅拌的同时缓慢加入沉淀剂。而无定形沉淀则要将沉淀剂一次加入溶液中，要沿着烧杯壁或玻璃棒倒入，勿使溶液溅出。进行沉淀所用的烧杯必须配备玻璃棒和表面皿。

2.5.3 陈化

晶形沉淀形成后需进行陈化。陈化的目的是使小的沉淀颗粒变成大颗粒，不完整的晶体转变成完整的晶体，减少共沉淀的杂质量，提高沉淀的纯度。陈化的方法是生成沉淀后不要立即过滤，而是在烧杯上盖上表面皿，让沉淀和母液一起放置过夜，或在水浴上保温 1h 左右。

2.5.4 过滤

（1）滤器的选择

根据沉淀的类型不同选择不同的滤器，一般是滤纸或玻璃砂芯滤器两种。

① 定量滤纸 对于需要高温灼烧的沉淀，须用定量滤纸进行过滤。每张滤纸灰分质量为 0.08mg 左右，小于分析天平称量的绝对误差。

a. 滤纸的选择 要根据沉淀的性质和类型选择滤纸的类型。对于 $BaSO_4$、

CaC_2O_4 等微粒晶形沉淀，应采用较紧密的慢速或中速滤纸；而对于 $Fe_2O_3 \cdot nH_2O$ 等蓬松的无定形沉淀，宜采用疏松的快速滤纸。

b. 滤纸的折叠和安放　滤纸一般按四折法折叠（见图 2.17）。先将滤纸对折，再对折成顶角稍大于 60°的圆锥体（注意对折时手不能压中心，否则中心可能会有小孔而发生穿漏）。

将滤纸放入洁净、干燥的漏斗中，如果滤纸与漏斗不十分密合，稍稍改变滤纸的折叠角度，直到与漏斗密合为止（注意漏斗的大小与滤纸的大小要相适应，折好的滤纸上缘应低于漏斗上沿 0.5~1cm，绝对不能超出漏斗边缘）。取出滤纸，将三层厚的紧贴漏斗的外层撕下一角，置于干燥的表面皿上备用。

将折叠好的滤纸放入漏斗中，三层的一边要放在漏斗出口短的一边（见图 2.18），用手按住三层滤纸处，由洗瓶吹出少量水将滤纸润洗，轻压滤纸边缘使滤纸和漏斗密合，即滤纸锥体与漏斗之间没有空隙。加水于漏斗中，使水面到达滤纸边缘，此时漏斗颈内应全部被水充满，形成水柱，且无气泡。如果漏斗颈内不能形成水柱，可以用手指堵住漏斗下口，稍稍掀起滤纸的一边，用洗瓶向滤纸和漏斗之间的空隙加水，直到漏斗颈及锥体的大部分被水充满，然后把纸边按紧，再松开堵住漏斗下口的手指，此时水柱即可形成。

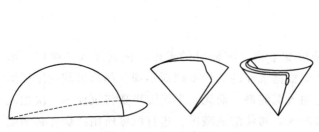 

图 2.17　滤纸的折叠　　　　　　　　图 2.18　滤纸的安放

用蒸馏水冲洗滤纸，将准备好的漏斗放在漏斗架上，下面放一洁净的烧杯，使漏斗出口长的一边紧靠杯壁。漏斗位置的高低，以漏斗颈末端不接触滤液为度。

② 玻璃滤器　对于只需烘干的沉淀或热稳定性差的沉淀，如丁二酮肟镍、氯化银等，过滤时须用玻璃砂芯漏斗或坩埚（见图 2.19）。这种过滤器的滤板是由玻璃粉末在高温熔结而成。可按照微孔径的大小对其进行分级，其规格、牌号和用途见附录 9。

定量分析中，一般采用 P_{40} 和 P_{16}（相当于旧牌号 G_3~G_5）规格的滤器（相当于慢速滤纸）。过滤细晶形沉淀，用减压过滤法（见图 2.20）。但此类过滤器不能过滤强碱性溶液。

玻璃滤器在使用前应用热的浓盐酸边抽滤边清洗，最后用蒸馏水洗净。使用后的滤器也应根据不同的沉淀物采用适宜的洗涤剂洗涤（见表 2.2），再用水反复抽洗，最后用蒸馏水冲洗干净，于 110℃下烘干。

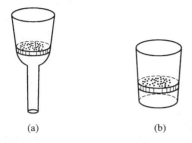
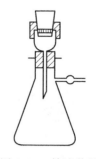

图 2.19　砂芯漏斗（a）和砂芯坩埚（b）　　图 2.20　抽滤装置

表 2.2　玻璃砂芯滤器常用的洗涤液

沉淀物	洗涤液
AgCl	（1+1）氨水或 10% $Na_2S_2O_3$ 溶液
$BaSO_4$	100℃的浓硫酸或 EDTA-NH_3 溶液（3%EDTA 二钠盐 500mL 与浓氨水 100mL 混匀），加热洗涤
氧化铜	热 $KClO_4$ 和 HCl 混合液
有机物	铬酸洗液

（2）过滤

过滤时，漏斗颈应紧靠烧杯壁，溶液最多加到滤纸边缘下 5～6mm 的位置，如果液面过高，沉淀会因毛细作用而越过滤纸边缘。

过滤一般采用倾泻法，即待沉淀下沉到烧杯的底部后，先把上层清液通过玻璃棒转移到漏斗上，尽可能不搅起沉淀（见图 2.21），玻璃棒下端对着三层滤纸一边，尽量接近滤纸，但不要触及滤纸。若一次倾泻不能将清液转移完，应待烧杯中的沉淀下沉后再次倾泻。停止倾注溶液时，将烧杯沿玻璃棒往上提，并逐渐使烧杯直立，以免烧杯嘴上的液滴损失。倾注完成后，将玻璃棒放回烧杯，烧杯放在台面上后，一边用木块垫起（见图 2.22），以利于沉淀和清液分离。注意玻璃棒不要靠在烧杯嘴上。

清液转移到滤纸后，应对烧杯中的沉淀进行初步的洗涤。每次用约 10mL 洗涤液吹洗烧杯内壁，使附着的沉淀集中到烧杯底部，搅动沉淀，充分洗涤。待沉淀下沉后，再将清液转移到滤纸上。如此反复洗涤、过滤 3～4 次。最后加入少量洗涤液并搅动沉淀，立即将沉淀和洗涤液一起转移至漏斗中，再加少量洗涤液，搅拌后转移至漏斗里，如此反复几次，使沉淀基本都转移到漏斗中的滤纸上。如仍有少量沉淀难以转移，则按照图 2.23 所示的方法，倾斜烧杯，使其嘴对着漏斗，用食指将玻璃棒架在烧杯口上，玻璃棒下端对着三层滤纸一边，用洗瓶吹洗整个烧杯内壁，使洗涤液和沉淀转移至滤纸上。对牢固黏附的沉淀，可用折叠滤纸时撕下的滤纸角擦拭玻璃棒和烧杯内壁，并将其与沉淀合并。最后要仔细检查烧杯内壁、玻璃棒、表面皿等是否彻底洗净。

 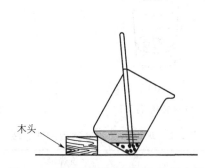 

图 2.21　倾泻法过滤　　图 2.22　倾泻法过滤烧杯的放置方法　　图 2.23　沉淀的吹洗

2.5.5　沉淀的洗涤

沉淀全部转移到滤纸上后，需在滤纸上进行洗涤，以除去沉淀表面吸附的杂质和残留的母液。洗涤的方法是用洗瓶从滤纸的三层部分离边缘稍下的地方自上而下盘旋吹洗沉淀，最后到三层滤纸部分停止，使沉淀集中到滤纸圆锥体的下部（见图 2.24）。

图 2.24　沉淀的洗涤

为了提高洗涤效率，每次使用少量洗涤液，多洗几次，即"少量多次"，每次加入洗涤液后尽量沥干。一般需洗涤 3～5 次。

过滤和洗涤沉淀的操作需连续完成，若时间间隔较长，沉淀就会干涸，黏结在一起，不容易洗净。

2.5.6　沉淀的烘干和灼烧

（1）坩埚的准备

沉淀须置于洁净且预先灼烧至恒重的坩埚中进行烘干、灼烧。坩埚外壁需用蓝黑墨水进行编号。坩埚用自来水洗净后，置于热盐酸中浸泡十几分钟，用玻璃棒夹出，洗净，然后用煤气灯或电炉进行烘干，再置于高温炉中灼烧至恒重。每次灼烧后，用坩埚钳先将其移至炉口，待红热稍退后，再从炉中取出，置于耐火板上稍冷，然后放入干燥器中冷却至室温。中间过程中要开启干燥器盖 1～2 次，排除热气。冷却后称量坩埚的质量，然后进行第二次、第三次灼烧，直至相邻两次灼烧后的质量差不大于 0.4mg，即为恒重。一般第一次灼烧时间长一点，而后面几次的灼烧时间约 20min 即可。注意：太热的坩埚不能立即放入干燥器中，否则易使干燥器的瓷板炸裂。

（2）干燥器的使用

干燥器中一般采用变色硅胶、无水氯化钙等作干燥剂。干燥器中不是绝对干燥的，所以在干燥器中放置时间过长的坩埚和沉淀会吸收少量水分而使质量增大。

打开干燥器时，左手按住干燥器的下部，右手按住干燥器的盖子，向前方推开盖子，盖子取下后用手拿住或倒放在实验台上，放入坩埚后，应立即盖上盖子。加盖时，也应推着盖子盖好。搬动干燥器时，应用两手的拇指同时按住盖子，防止滑落（见图2.25）。

（3）沉淀的包裹

用玻璃棒将滤纸边缘向内折，把圆锥体的敞口封上（见图2.26），再用玻璃棒将滤纸包轻轻转动，以便擦净漏斗内壁可能沾有的沉淀，将滤纸包取出，置于已灼烧至恒重的坩埚中，三层滤纸边朝上。

图2.25 打开和搬动干燥器的方法

图2.26 沉淀的包裹

（4）沉淀的烘干

将坩埚放置在煤气灯架上或电炉上，坩埚盖半掩倚于坩埚口，不要盖严实，以便蒸汽逸出。用小火均匀烘烤坩埚，使滤纸和沉淀慢慢干燥。烘干时的温度不能太高，否则坩埚会因与水接触而炸裂。

（5）滤纸的炭化和灰化

待滤纸和沉淀干燥后，将煤气灯的火焰移至坩埚底部，升高加热温度。若用电炉加热，只能让坩埚处于同一状态受热。炭化时如遇滤纸着火，可立即用坩埚盖盖住，使坩埚内的火焰熄灭，切不可用嘴吹灭。待火焰熄灭后，将坩埚盖移至原来位置，继续加热至全部炭化直至灰化。注意：要随时转动坩埚，以烧掉一切可以烧去的物质；烘干、炭化、灰化的过程中，温度应逐渐升高，不可急于完成。

（6）灼烧

滤纸灰化后，将坩埚移入高温炉中，盖上坩埚盖（须留有一定空隙），根据沉淀的性质选择灼烧的时间和温度，灼烧至恒重。注意灼烧的温度应与灼烧空坩埚的温度相同。

2.6　分析天平

分析天平是分析化学实验中最重要、最常用的仪器之一，分析化学工作者都必须了解天平的种类以及掌握天平的正确使用方法。

2.6.1 天平的种类

天平按照平衡原理可分为杠杆式、弹力式、电磁力式和液体静力平衡式；按照分度值可分为常量（分度值为 0.1mg）、半微量（分度值为 0.01mg）、微量（分度值为 0.001mg），有时也称万分之一、十万分之一和百万分之一分析天平。分析天平的最大负荷一般为 100～200g。由于目前分析实验室基本都采用电子天平，所以本节只介绍电子天平。

2.6.2 电子天平

电子天平是最新一代的天平，是基于电磁力平衡原理设计的。自动调零、自动校准、自动去皮和自动显示称量结果是电子天平最基本的功能。

电子天平分为上皿式和下皿式两种。秤盘在支架上面的为上皿式，秤盘吊挂在支架下面的为下皿式，目前使用较多的为上皿式。电子天平型号繁多，其主要区别在外观和面板上，其构造、功能和使用方法则大同小异。图 2.27 是电子天平的外观。

（1）电子天平的性能

天平最关键的性能是稳定性、灵敏性、正确性和示值的不变性。

① 天平的稳定性　天平的稳定性，就是指天平在其受到扰动后，能够自动回到它们的初始平衡位置的能力。对于电子天平来说，其平衡位置总是通过模拟指示或数字指

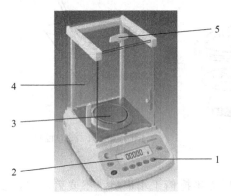

图 2.27　电子天平
1—键盘；2—显示屏；3—秤盘；
4—侧门；5—顶门

示的示值来表现，所以，一旦对电子天平施加某一瞬时的干扰，虽然示值发生了变化，但干扰消除后，天平又能回复到原来的示值，则称该电子天平是稳定的。一台电子天平，其天平的稳定性是天平可以使用的首要判定条件，不具备天平稳定性的电子天平根本不能使用。

② 天平的灵敏性　天平的灵敏性，就是天平能觉察出放在天平称量盘上的物体质量改变量的能力。天平的灵敏性，可以通过角灵敏度，或线灵敏度，或分度灵敏度，或数字（分度）灵敏度来表示。对于电子天平，主要通过分度灵敏度，或数字（分度）灵敏度来表示。天平能觉察出来的质量改变量越小，说明天平越灵敏。可见对于电子天平来说，天平的灵敏度依然是判定天平优劣的重要性能之一。

③ 天平的正确性　天平的正确性，就是天平示值的正确性，它表示天平示值接近（约定）真值的能力；从误差角度来看，天平的正确性，就是反映天平示值的系统误差大小的程度。无论是机械天平，还是电子天平，天平的正确性还表现在天

平的模拟标尺或数字标尺的示值正确性,以及由于在天平衡量盘上各点放置载荷时的示值正确性。

④ 天平示值的不变性　天平示值的不变性,是指天平在相同条件下,多次测定同一物体,所得测定结果的一致程度。

(2) 电子天平的称量步骤

① 检查水平　开启天平前,观察水平仪中小气泡是否位于圆圈内。

② 开启天平　接通电源,轻按 ON 键,显示器亮,同时天平进行自检,约 2s 后显示天平的型号,然后显示称量模式,如 0.0000g,稍预热后即可称量。

③ 称量　按 TAR 键,显示"0.0000g"后,推开侧门,将被称物置于天平秤盘上,关上侧门,待显示屏左下角的"o"标志熄灭后,显示屏所显示的数字即为被称物的质量。

④ 去皮称量　按 TAR 键清零,将容器置于天平秤盘上,天平显示容器的质量,再次按 TAR 键,即已去皮重。将物品置于天平秤盘上后显示的质量即为物品的质量。

⑤ 关闭　天平用完后,按 OFF 键关闭。若较长时间不用天平,应将电源插头拔下。

2.6.3　称量方法

在分析实验中,应根据称量对象和要求的不同,采用相应的称量方法。常用的称量方法有以下三种。

(1) 直接称量法

将物品直接置于天平秤盘上进行称量。这种方法适合于称量洁净干燥、性质稳定、不宜升华或潮解的固体试样,且对天平秤盘不能有腐蚀性。如用烧杯、坩埚、容量瓶等。

(2) 固定质量称量法

固定质量称量法也称增量法。将一洁净的烧杯或表面皿置于天平秤盘上,称得其质量,然后慢慢加试样至所增加的质量等于指定所需要的质量。称量时,若加入的物品超过了指定的质量,则可用药匙取出部分物品,以食指轻弹药匙柄,使药匙里的物品以非常缓慢的速度落入表面皿,直至天平显示的质量等于指定称量的质量。

操作时不要将物品散落于天平秤盘上,称好的物品必须定量转移到接收器中。另外,该种方法只适合于称量不易吸潮、在空气中能够稳定存在的粉末状或细小颗粒状的固体。从试剂瓶中取出的试剂一般不允许放回原试剂瓶中,以免沾污试剂。

(3) 减量称量法

该方法也称差减称量法或递减称量法。称取试样的量是由两次称量的质量之差求得的。称量时,先借助于纸条从干燥器中取出称量瓶(见图 2.28),用小纸片夹住称量瓶盖柄,打开瓶盖,用药匙加入适量试样,立即盖上瓶盖。将称量瓶置于天平秤盘上,关好天平门,称得称量瓶及试样的准确质量 m_1。再将称量瓶取出,在接收容器的上方,倾斜瓶身,用称量瓶盖轻敲瓶口上部,使试样慢慢落入容器中(见图2.29),当加入的试样量接近所需量时(通常从体积上估计),一边继续敲击瓶口,一边逐渐将称量瓶竖直,使黏附在瓶口上的试样落入接收容器中或落回称量瓶,盖好瓶盖,把称量瓶放回天平秤盘,称量其质量 m_2。两次的质量差 m_1-m_2 即为倒入接收容器中试样的质量。若减出的试样量未达到要求的质量范围,可重复相同的操作,直至合乎要求。减量法可以连续称量多份试样。

图2.28 称量瓶的拿法

图2.29 从称量瓶中敲出试样

用减量法称量时应注意以下事项。

① 若减出的试样量未达到要求的质量范围,可重复相同的操作,直至合乎要求;如敲出的试样超出所需的量,则须弃去重称。

② 不能用手直接接触称量瓶,必须借助纸条,或带上专用手套。

③ 装有试样的称量瓶除放在干燥器中、天平秤盘上或用纸条拿在手中外,不得放在其他任何地方,以免沾污。

④ 要在接收容器的上方打开称量瓶盖,避免沾附在瓶盖上的试样失落他处。

⑤ 从称量瓶中敲出试样后,应立即盖上瓶盖,以免试样吸潮或变质。

⑥ 减量法适合于称量多份易潮解、易氧化或易吸收 CO_2 的试样。

2.6.4 注意事项

① 开、关天平以及取放物品时,动作要轻、缓,不可用力。

② 调零、读数时一定要关闭天平门。

③ 过冷和过热的物品不能直接称量,须将其置于干燥器中直至其温度和室温一致后再称量。

④ 称量时只需开天平两侧的门,顶门仅供安装、调试天平用,通常禁止打开。

2.7 分光光度计

2.7.1 分光光度计的构造

分光光度计根据其使用波长的不同,分为红外、紫外-可见、可见等几类。图

2.30 是一款可见分光光度计的外观。尽管其种类和型号繁多，但其基本构造大致相同，都是由图 2.31 中所示的五个部分组成。

图 2.30　分光光度计

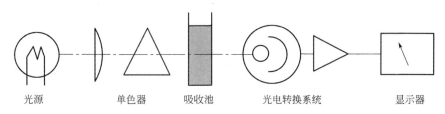

光源　　　　　单色器　　吸收池　　光电转换系统　　　　显示器

图 2.31　分光光度计主要部件

2.7.2　使用方法

(1) 预热仪器

接通电源，打开电源开关，使仪器预热 10min 左右。

(2) 用参比溶液调透光率 100%

调节波长旋钮至所需波长，按"方式选择"键，使"透光率"灯亮，将参比溶液置于光路中，关闭试样室门，按"100%T"键，使显示屏的数字为"100.0"，再打开试样室门，检查显示屏是否显示"0.00"，若不是，按"0%T"键，使其显示为"0.00"。重复此两项操作，直至仪器稳定。

(3) 测定试样溶液的吸光度

按"方式选择"键，选择"ABS"模式，将参比溶液置于光路中，关闭试样室门，检查显示屏是否显示"0.000"，若不是，按"0.00"键使其显示为"0.000"，再将被测溶液置于光路中，显示屏显示的数据即为被测液的吸光度值。如按"方式选择"键选择"透光率 T%"模式，则显示屏显示值即为被测溶液的透光率值。

(4) 还原仪器

测量完毕，关闭电源，取出比色皿，洗净后放回比色皿盒中，使仪器复原。

2.7.3　注意事项

① 使用比色皿时，一定要用手拿其毛玻璃面，切勿触及透光面。

② 被测液以至比色皿的 3/4 高度为宜。

③ 比色皿外壁的液体用擦镜纸吸干。

④ 被测溶液的浓度不能过高或过低，以保证吸光度在适宜的范围内，减小测量误差。

⑤ 比色皿用毕后要及时清洗，可根据沾污的程度用水清洗，或用盐酸-乙醇混合溶液浸泡后，再用水清洗，不能用碱液或氧化性溶液清洗，也不能用毛刷刷洗。

第 3 章　基础实验

实验 1　天平称量练习

【实验目的】

1. 了解电子天平的构造及基本性能。
2. 掌握电子天平的使用方法和注意事项。
3. 掌握直接称量法、固定质量称量法和差减称量法。

【实验原理】

参见第 2 章 2.6 节分析天平的相关部分。

【仪器试剂】

1. 仪器

电子天平（精度 0.0001g），烧杯（100mL），称量瓶。

2. 试剂

Na_2CO_3 样品。

【实验步骤】

1. 熟悉电子天平的构造及控制面板上各个功能键的作用，严格按照分析天平的使用规则进行操作，特别注意称量前的准备和称量后的检查（参见第 2 章 2.6 分析天平）。

2. 称量练习

（1）直接称量法

分别称量烧杯、称量瓶等物品的质量，记录数据。

（2）固定质量称量法

称量三份 0.5000g 的 Na_2CO_3 样品，并转移至小烧杯中，Na_2CO_3 样品质量控制在 0.5000g±0.0002g，记录称量数据。

（3）差减称量法

称取三份 0.20～0.22g 的 Na_2CO_3 样品。用纸带（或戴手套）从干燥器中取出盛有 Na_2CO_3 样品的称量瓶，称其质量为 m_1，按照差减法称量的基本操作，将所需样品倒入干净的烧杯中，称量剩余样品和称量瓶的质量为 m_2，则倒出的第一份样品的质量为 m_1-m_2；继续倒样品，称量剩余质量为 m_3，则第二份样品的质量为 m_2-m_3；依次类推，练习至控制 Na_2CO_3 样品的质量在合适的范围内。

【注意事项】

1. 拿称量瓶时手不要直接接触，可垫上纸带或者戴手套拿，尽量将其放在天平秤盘的中央，以使天平受力均匀。

2. 称量过程中注意样品的加取方法和转移方法。

3. 注意称量瓶不能随意放置在实验台上。

4. 读数时必须关闭天平门。

【数据记录】

直接称量	固定质量称量	差减称量				
$m_{烧杯}/g$	$m_{Na_2CO_3}/g$	$m_{称量瓶+Na_2CO_3}/g$				
		$m_1=$	$m_2=$	$m_3=$	$m_4=$	$m_5=$
			$\Delta m_1=$	$\Delta m_2=$	$\Delta m_3=$	$\Delta m_4=$
		$m_6=$	$m_7=$	$m_8=$	$m_9=$	$m_{10}=$
		$\Delta m_5=$	$\Delta m_6=$	$\Delta m_7=$	$\Delta m_8=$	$\Delta m_9=$
		$m_{11}=$			$\Delta m_{10}=$	

【思考题】

1. 称量方法有哪几种？各适用于什么情况？各有什么优缺点？

2. 差减称量法的基本操作要点是什么？

3. 为什么固定质量称量法可以允许有±0.0002g的误差？

4. 差减称量法中如果倒出的物品多于要求的称量范围，该如何操作？

实验 2　滴定分析基本操作练习

【实验目的】
1. 掌握常用溶液的配制方法和基本操作。
2. 学习滴定分析常用仪器的洗涤和正确使用方法。
3. 学会正确判断以酚酞和甲基橙为指示剂的滴定终点。

【实验原理】

酸碱滴定法是利用酸碱中和反应测定酸或碱浓度或含量的定量分析方法。按照化学反应方程式的计量关系,可以从所用的酸溶液和碱溶液的体积与酸(或碱)溶液的浓度算出碱(或酸)溶液的浓度。例如,酸 A 和碱 B 发生中和反应,反应方程式为:

$$aA + bB = cC + dD$$

则发生反应的 A 和 B 的物质的量 n_A 和 n_B 之间有如下关系:

$$n_A = \frac{a}{b} n_B \text{ 或 } n_B = \frac{b}{a} n_A$$

所以

$$c_A V_A = \frac{a}{b} c_B V_B$$

$$c_B = \frac{b}{a} \times \frac{c_A V_A}{V_B}$$

反之,也可以从 c_B、V_B 和 V_A 求出 c_A。

滴定终点的确定借助于酸碱指示剂。指示剂本身是一种弱酸或弱碱,在不同 pH 范围内可显示不同的颜色,滴定时应根据不同的反应体系选用适当的指示剂,以减少滴定误差。HCl($0.1 mol \cdot L^{-1}$)溶液与 NaOH($0.1 mol \cdot L^{-1}$)溶液相互滴定时,其化学计量点的 pH 为 7.0,滴定的 pH 突跃范围为 4.3~9.7。在此突跃范围内变色的指示剂有甲基橙(变色范围 pH3.1~4.4)、甲基红(变色范围 pH4.4~6.2)和酚酞(变色范围 pH8.0~9.6)。

若采用同一种指示剂指示终点,不断改变被滴定溶液的体积,则滴定剂的用量也随之变化,但它们相互反应的体积之比应基本不变。因此,在不知道 HCl 和 NaOH 溶液准确浓度的情况下,通过计算 V_{HCl}/V_{NaOH} 体积比的精确度,可以检查实验者对滴定操作技术和终点判断的掌握情况。

【仪器试剂】

1. 仪器

天平(0.1g 精度),酸式和碱式滴定管(50mL),移液管(25mL),锥形瓶(250mL)。

2. 试剂

浓 HCl 溶液（6mol·L^{-1}），NaOH（固体），酚酞指示剂（2g·L^{-1}，乙醇溶液），甲基橙指示剂（1g·L^{-1}，水溶液）。

【实验步骤】

1. 溶液的配制

(1) 0.1mol·L^{-1} HCl 溶液

在通风橱中用洁净量筒量取约 8.5mL 6mol·L^{-1} HCl 溶液，缓缓加入装有适量蒸馏水的烧杯中，并不断搅拌，加水稀释至约 500mL，稍冷却后转入试剂瓶中，盖上玻璃塞，摇匀。

(2) 0.1mol·L^{-1} NaOH 溶液

称取约 2g NaOH 固体于小烧杯中，加入适量蒸馏水，搅拌使其全部溶解，加水稀释至约 500mL，稍冷却后转入试剂瓶中，用橡皮塞塞好瓶口，充分摇匀。

2. 滴定操作练习

(1) 用 NaOH 溶液滴定 HCl 溶液

用 0.1mol·L^{-1} NaOH 溶液将已洗净的碱式滴定管润洗三遍，每次用 5～6mL 溶液润洗，然后将 NaOH 溶液倒入碱式滴定管中，赶走气泡，调节滴定管内溶液的弯液面至"0.00"刻度处，置于滴定管架上。用 0.1mol·L^{-1} HCl 溶液将已洗净的 25mL 移液管润洗三次，然后准确移取 25.00mL HCl 溶液于 250mL 锥形瓶中，加入 2～3 滴酚酞指示剂，用 NaOH 溶液滴定至浅粉红色并在 30s 内不褪色，即为终点。如此平行滴定三份以上，直到两次滴定所消耗 NaOH 溶液体积的最大差值不超过±0.04mL，记录数据。

(2) 用 HCl 溶液滴定 NaOH 溶液

用 0.1mol·L^{-1} HCl 溶液将已洗净的酸式滴定管润洗三遍，每次用 5～6mL 溶液润洗，然后将 HCl 溶液倒入酸式滴定管中，赶走气泡，调节滴定管内溶液的弯液面至"0.00"刻度处，置于滴定管架上。用 0.1mol·L^{-1} NaOH 溶液将已洗净的 25mL 移液管润洗三次，然后准确移取 25.00mL NaOH 溶液于 250mL 锥形瓶中，加入 2～3 滴甲基橙指示剂，用 HCl 溶液滴定至溶液由黄色突变为橙色，即为终点。如此平行滴定三份以上，直到两次滴定所消耗 HCl 溶液体积的最大差值不超过±0.04mL，记录数据。

【注意事项】

1. 固体 NaOH 应在表面皿或小烧杯中称量，不能在纸上称量。配制 NaOH 溶液要用新鲜或煮沸除去 CO_2 的蒸馏水。

2. 移液管需垂直靠在接收容器的内上壁流下液体，放完液体后要停一定时间。

3. 接近滴定终点时，要用蒸馏水冲洗锥形瓶内壁。

4. 注意半滴溶液的滴加方法。

【数据记录】

V_{HCl}/mL	V_{NaOH}/mL（滴定 HCl 溶液）			V_{NaOH}/mL	V_{HCl}/mL（滴定 NaOH 溶液）		
25.00	1	2	3	25.00	1	2	3
	V_{NaOH}极差				V_{HCl}极差		

【思考题】

1. 配制 NaOH 溶液时，应选用何种天平称取试剂？为什么？

2. 能直接配制准确浓度的 HCl 和 NaOH 溶液吗？为什么？

3. 在滴定分析实验中，滴定管和移液管为何要用滴定剂和要移取的溶液润洗三次？滴定中使用的锥形瓶是否也要用滴定剂润洗？为什么？

4. 为什么用 NaOH 溶液滴定 HCl 溶液时一般采用酚酞指示剂，而用 HCl 溶液滴定 NaOH 溶液时以甲基橙为指示剂？

5. 滴定管该如何读数？

6. 用酚酞作指示剂和用甲基橙作指示剂得到的 V_{NaOH}/V_{HCl} 是否相同？为什么？

实验 3 容量分析仪器的校准

【实验目的】
1. 掌握滴定管、移液管、容量瓶的使用方法。
2. 学习滴定管、移液管、容量瓶的校准方法。
3. 了解容量器皿校准的意义。

【实验原理】

滴定管、移液管和容量瓶是滴定分析法所用的主要量器。容量器皿的容积与其所标出的体积并非完全符合。因此，在准确度要求较高的分析工作中，必须对容量器皿进行校准。

由于玻璃具有热胀冷缩的特性，在不同温度下容量器皿的容积也有所不同。因此，校准玻璃容量器皿时，必须规定一个共同的温度值。这一规定温度值称为标准温度。国际上规定玻璃容量器皿的标准温度为20℃，即在校准时都将玻璃容量器皿校准到20℃时的实际容积。容量器皿常采用两种校准方法。

（1）相对校准

要求两种容器体积之间有一定的比例关系时，常采用相对校准的方法。例如，25mL移液管量取液体的体积应等于250mL容量瓶量取体积的1/10。

（2）绝对校准

绝对校准是测定容量器皿的实际体积。常用的标准方法为衡量法，又叫称量法，即用天平称得容量器皿容纳或放出纯水的质量，然后根据水的密度，计算出该容量器皿在标准温度20℃时的实际容积。由质量换算成容积时，需考虑三方面的影响。

① 水的密度随温度的变化。
② 温度对玻璃器皿容积胀缩的影响。
③ 在空气中称量时空气浮力的影响。

为了方便计算，将上述三种因素综合考虑，得到一个总校准值。经总校准后不同温度下纯水的密度值列于表3.1中。

表 3.1 不同温度下纯水的密度

（空气密度 $0.0012 g \cdot mL^{-1}$，钠钙玻璃体胀系数 $2.6 \times 10^{-5} ℃^{-1}$）

温度/℃	密度/$g \cdot mL^{-1}$	温度/℃	密度/$g \cdot mL^{-1}$	温度/℃	密度/$g \cdot mL^{-1}$
10	0.9984	17	0.9976	24	0.9964
11	0.9983	18	0.9975	25	0.9961
12	0.9982	19	0.9973	26	0.9959
13	0.9981	20	0.9972	27	0.9956
14	0.9980	21	0.9970	28	0.9954
15	0.9979	22	0.9968	29	0.9951
16	0.9978	23	0.9966	30	0.9948

实际应用时,只要称出被校准的容量器皿容纳和放出纯水的质量,再除以该温度时纯水的密度值,便是该容量器皿在 20℃时的实际容积。

例 1:在 18℃,某 50mL 容量瓶容纳纯水质量为 49.87g,计算出该容量瓶在 20℃时的实际容积。

解:查表 3.1 得 18℃时水的密度为 $0.9975\text{g}\cdot\text{mL}^{-1}$,所以 20℃时容量瓶的实际容积 V_{20} 为

$$V_{20}=\frac{49.87}{0.9975}=49.99(\text{mL})$$

容量器皿是以 20℃为标准校准的,但实际使用时则不一定在 20℃。因此,容量器皿的容积以及溶液的体积都会发生改变。由于玻璃的膨胀系数很小,在温度相差不太大时,容量器皿的容积改变可以忽略。溶液的体积与密度有关,因此,可以通过溶液密度来校准温度对溶液体积的影响。稀溶液的密度一般可用相应水的密度来代替。

例 2:在 10℃时滴定用去 25.00mL $0.1\text{mol}\cdot\text{L}^{-1}$ 标准溶液,问 20℃时其体积应为多少?

解:$0.1\text{mol}\cdot\text{L}^{-1}$ 稀溶液的密度可用纯水密度代替,查表得,水在 10℃时的密度为 $0.9984\text{g}\cdot\text{mL}^{-1}$,20℃时密度为 $0.9972\text{g}\cdot\text{mL}^{-1}$。故 20℃时溶液的体积为

$$V_{20}=25.00\times\frac{0.9984}{0.9972}=25.03(\text{mL})$$

【仪器试剂】

电子天平(精度 0.01g),碱式滴定管(50mL),锥形瓶,容量瓶(50mL、250mL),移液管(25mL),温度计(0~50℃或 0~100℃,公用)。

【实验步骤】

1. 碱式滴定管的校准

(1) 清洗 50mL 碱式滴定管 1 支。

(2) 练习正确使用滴定管和控制液滴大小的方法。

(3) 碱式滴定管的校准 先将干净并且外部干燥的 50mL 锥形瓶在天平上称量,准确称量至小数点后第二位(0.01g)。将去离子水装满欲校准的碱式滴定管,调节液面至 0.00 刻度处,记录水温,然后按每分钟约 10mL 的流速,放出 10mL(要求在 10mL±0.1mL 范围内)水于已称过质量的锥形瓶中,盖上瓶塞,再称出它的质量,两次质量之差即为放出水的质量。用同样的方法称量滴定管中 10~20mL、20~30mL 等刻度间水的质量。用实验温度时的密度除每次得到水的质量,即可得到滴定管各部分的实际容积。

现将 25℃时校准某滴定管的实验数据列入表 3.2 中。

表 3.2 滴定管校准值

(水的温度 25℃，水的密度 0.9961g·mL^{-1})

滴定管读数	容积/mL	瓶与水的质量/g	水的质量/g	实际容积/mL	校准值/g	累积校准值/mL
0.03		29.20				
10.13	10.10	39.28	10.08	10.12	+0.02	+0.02
20.10	9.97	49.19	9.91	9.95	−0.02	0.00
30.08	9.98	59.18	9.99	10.03	−0.05	−0.05
40.03	9.95	69.13	9.95	9.99	+0.04	−0.01
49.97	9.94	79.01	9.88	9.92	−0.02	−0.03

例如，25℃时由滴定管放出 10.10mL 水，其质量为 10.08g，算出这一段滴定管的实际体积为：

$$V_{20} = \frac{10.08}{0.9961} = 10.12 (\text{mL})$$

故滴定管从 0.03~10.13mL 这段容积的校准值为：10.12−10.10＝+0.02(mL)。同理，可计算出滴定管各部分容积的校准值。参照表 3.2 记录和计算实验数据。

2. 移液管的校准

(1) 清洗 25mL 移液管两支。

(2) 练习正确使用移液管。

(3) 移液管的校准　将 25mL 移液管洗净，吸取去离子水调节至刻度，放入已称量的干燥且洁净的锥形瓶中，再称量，根据水的质量计算在此温度时的实际容积。两只移液管各校准两次。记录测量数据并计算校正值。

3. 容量瓶与移液管的相对校准

用 25mL 移液管吸取去离子水，注入洁净并干燥的 250mL 容量瓶中（操作时切勿让水碰到容量瓶的磨口）。重复 10 次，然后观察溶液弯液面下缘最低处是否与刻度线相切，若不相切，另做新标记，经相互校准后的容量瓶与移液管均做上相同记号，可配套使用。

【注意事项】

1. 移液管需垂直靠在接收容器的内上壁流下液体，放完液体后要停一定时间。
2. 操作时应除去滴定管中的气泡。

【数据记录】

滴定管校正

滴定管读数	容积/mL	瓶与水的质量/g	水的质量/g	实际容积/mL	校准值/g	累积校准值/mL

移液管校准

(水的温度＝　　℃，密度＝　　g·mL^{-1})

移液管编号	移液管容积/mL	锥形瓶质量/g	瓶与水的质量/g	水的质量/g	实际容积/mL	校准值/mL
1						
2						

【思考题】

1. 称量水的质量时，为什么只要精确至 0.01g？

2. 为什么要进行容量器皿的校准？影响容量器皿体积刻度不准确的主要因素有哪些？

3. 利用称量法进行容量器皿校准时，为何要求水温和室温一致？若两者稍微有差异时，以哪一温度为准？

实验 4　粗盐的提纯

【实验目的】

1. 掌握粗盐提纯的原理和方法。

2. 学习溶解、沉淀、常压过滤、减压过滤、蒸发浓缩、结晶和烘干等基本操作。

3. 了解 Ca^{2+}、Mg^{2+} 和 SO_4^{2-} 等的定性鉴定。

【实验原理】

化学试剂或医药用的 NaCl 都是以粗食盐为原料提纯的，粗食盐中含有 Ca^{2+}、Mg^{2+}、SO_4^{2-} 和 K^+ 等可溶性杂质和泥沙等不溶性杂质。选择适当的试剂可使 Ca^{2+}、Mg^{2+} 和 SO_4^{2-} 等生成难溶盐沉淀而除去，一般先在食盐溶液中加 $BaCl_2$ 溶液，除去 SO_4^{2-}：

$$Ba^{2+} + SO_4^{2-} = BaSO_4 \downarrow$$

然后在溶液中加 Na_2CO_3 溶液，除 Ca^{2+}、Mg^{2+} 和过量的 Ba^{2+}：

$$Ca^{2+} + CO_3^{2-} = CaCO_3 \downarrow$$

$$Ba^{2+} + CO_3^{2-} = BaCO_3 \downarrow$$

$$2Mg^{2+} + 2OH^- + CO_3^{2-} = Mg_2(OH)_2CO_3 \downarrow$$

过量的 Na_2CO_3 溶液用 HCl 中和。粗食盐中的 K^+ 仍留在溶液中。由于 KCl 溶解度比 NaCl 大，而且粗食盐中含量少，所以在蒸发和浓缩食盐溶液时，NaCl 先结晶出来，而 KCl 仍留在溶液中。

【仪器试剂】

1. 仪器

电磁加热搅拌器，循环水泵，吸滤瓶，布氏漏斗，普通漏斗，烧杯，蒸发皿，台秤，滤纸，pH 试纸。

2. 试剂

NaCl（粗），H_2SO_4（3mol·L^{-1}），Na_2CO_3（饱和溶液），$(NH_4)_2C_2O_4$（饱和溶液），HCl（6mol·L^{-1}），$BaCl_2$（1mol·L^{-1}、0.2mol·L^{-1}），NaOH（6mol·L^{-1}），HAc（6mol·L^{-1}、2mol·L^{-1}），镁试剂Ⅰ（对硝基苯偶氮间苯二酚）。

【实验步骤】

1. 粗盐溶解

称取 7.5g 粗食盐于 100mL 烧杯中，加入 25mL 水，用电磁加热搅拌器（或酒精灯）加热搅拌，使其溶解。

2. 除 SO_4^{2-}

加热溶液至沸，边搅拌边滴加 1mol·L^{-1} BaCl$_2$ 溶液 2～3mL，继续加热 5min，使沉淀颗粒长大易于沉降。

3. 检查 SO$_4^{2-}$

将电磁搅拌器（或酒精灯）移开，待沉降后取少量上清液加几滴 6mol·L^{-1} HCl，再加几滴 1mol·L^{-1} BaCl$_2$ 溶液；若有浑浊，表示 SO$_4^{2-}$ 尚未除尽，需再加 BaCl$_2$ 溶液直至完全除尽 SO$_4^{2-}$。

4. 除 Ca^{2+}、Mg^{2+} 和过量的 Ba^{2+}

将上述溶液加热至沸，边搅拌边滴加饱和 Na$_2$CO$_3$ 溶液（5～6mL），至滴入 Na$_2$CO$_3$ 溶液不生成沉淀为止，再多加 0.5mL Na$_2$CO$_3$ 溶液，静置。

5. 检查 Ba^{2+} 是否除尽

向上清液中加入几滴饱和 Na$_2$CO$_3$ 溶液，若不再有浑浊产生，表明已除尽 Ba^{2+}；若还有浑浊产生，则表示 Ba^{2+} 未除尽，继续加 Na$_2$CO$_3$ 溶液，直至除尽为止。常压过滤，弃去沉淀。

6. 用 HCl 调整酸度除去 CO$_3^{2-}$

在加热搅拌下，往溶液中滴加 6mol·L^{-1} HCl，中和至溶液呈微酸性（pH 为 3～4）。

7. 浓缩与结晶

在蒸发皿中把溶液浓缩至原体积的 1/3（出现一层晶膜），冷却结晶，抽吸过滤，用少量的 2∶1 乙醇水溶液洗涤晶体，抽滤至布氏漏斗下端无水滴。然后转移到蒸发皿中小火烘干，冷却产品，称量，计算回收率。

8. 产品纯度的检验

取粗食盐和提纯后的产品 NaCl 各 0.5g，分别溶于约 5mL 蒸馏水中，然后用下列方法对离子进行定性检验并比较二者的纯度。

(1) SO$_4^{2-}$ 的检验

在两支试管中分别加入上述粗、纯 NaCl 溶液约 1mL，分别加入 2 滴 6mol·L^{-1} HCl 和 3～4 滴 0.2mol·L^{-1} BaCl$_2$ 溶液，观察现象。

(2) Ca^{2+} 的检验

在两支试管中分别加入粗、纯 NaCl 溶液约 1mL，加 2mol·L^{-1} HAc 使呈酸性，再分别加入 3～4 滴饱和 (NH$_4$)$_2$C$_2$O$_4$ 溶液，观察现象。

(3) Mg^{2+} 的检验

在两支试管中分别加入粗、纯 NaCl 溶液约 1mL，先各加入约 4～5 滴 6mol·L^{-1} NaOH，摇匀，再分别加 3～4 滴镁试剂 I 溶液，溶液有蓝色絮状沉淀时，表示 Mg^{2+} 存在。反之，若溶液仍为紫色，表示无 Mg^{2+} 存在。

【注意事项】

镁试剂是对硝基苯偶氮间苯二酚，它在酸性溶液中呈黄色，在碱性溶液中呈红色或紫色，被 Mg(OH)$_2$ 吸附后则呈天蓝色。

【数据记录】

1. 产品外观

（1）粗盐_____；（2）精盐_____。

2. 产品纯度检验

检验项目	检验方法	被检溶液	实验现象	结论
SO_4^{2-}	6mol·L^{-1} HCl, 0.2mol·L^{-1} BaCl$_2$	粗 NaCl 溶液		
		纯 NaCl 溶液		
Ca^{2+}	$(NH_4)_2C_2O_4$ 饱和溶液	粗 NaCl 溶液		
		纯 NaCl 溶液		
Mg^{2+}	6mol·L^{-1} NaOH, 镁试剂Ⅰ溶液	粗 NaCl 溶液		
		纯 NaCl 溶液		

【思考题】

1. 在除去 Ca^{2+}、Mg^{2+}、SO_4^{2-} 时为何先加 $BaCl_2$ 溶液，然后再加 Na_2CO_3 溶液？

2. 在提纯粗食盐过程中，K^+ 将在哪一步操作中除去？

3. 加 HCl 除去 CO_3^{2-} 时，为什么要把溶液中的 pH 调至 3~4？调至恰为中性如何？（提示：从溶液中 H_2CO_3、HCO_3^- 和 CO_3^{2-} 浓度的比值和 pH 的关系去考虑）

实验 5　铵盐中氮含量的测定

【实验目的】
1. 掌握甲醛法测定铵态氮的原理和操作方法。
2. 熟练掌握酸碱指示剂的选择原理。

【实验原理】

硫酸铵是常用的氮肥之一，是强酸弱碱盐，可用酸碱滴定法测定其氮含量。但由于 NH_4^+ 的酸性太弱（$K_a = 5.6 \times 10^{-10}$），不能直接用 NaOH 标准溶液准确滴定，生产上和实验室中广泛采用甲醛法进行测定。将甲醛与一定量的铵盐作用，生成相当量的酸（H^+）和质子化的六亚甲基四胺盐（$K_a = 7.1 \times 10^{-6}$），反应如下：

$$4NH_4^+ + 6HCHO = (CH_2)_6N_4H^+ + 3H^+ + 6H_2O$$

生成的 H^+ 和质子化的六亚甲基四胺盐，均可被 NaOH 标准溶液准确滴定（弱酸 NH_4^+ 被强化）。

$$(CH_2)_6N_4H^+ + 3H^+ + 4NaOH = (CH_2)_6N_4 + 4Na^+ + 4H_2O$$

化学计量点时，溶液呈弱碱性，可选用酚酞作指示剂。由反应可知，N 与 NaOH 的化学计量比为 1∶1。根据下式可以计算铵盐中氮（$M_N = 14.01 \text{g} \cdot \text{mol}^{-1}$）的含量：

$$w_N = \frac{c_{NaOH} \times \frac{V_{NaOH}}{1000} \times \frac{250.0}{25.00} \times M_N}{m_{样品}} \times 100\%$$

该方法操作简单、迅速，但必须严格控制操作条件，否则结果易偏低。

选用邻苯二甲酸氢钾（$KHC_8H_4O_4$，简写为 KHP，$M_{KHP} = 204.2 \text{g} \cdot \text{mol}^{-1}$）为基准试剂来标定 NaOH 溶液的浓度 c_{NaOH}，用酚酞作指示剂。NaOH 标准溶液浓度的计算公式如下：

$$c_{NaOH} = \frac{m_{KHP}}{M_{KHP} \times \frac{V_{NaOH}}{1000}}$$

【仪器试剂】

1. 仪器

电子天平（精度 0.0001g），锥形瓶（250mL），碱式滴定管（50mL），容量瓶（250mL），移液管（25mL）。

2. 试剂

NaOH（固体，分析纯），KHP（固体，分析纯），酚酞指示剂（$2\text{g} \cdot \text{L}^{-1}$，乙醇溶液），甲基红指示剂（$2\text{g} \cdot \text{L}^{-1}$，乙醇溶液），甲醛溶液（40%，分析纯），$(NH_4)_2SO_4$ 试样。

【实验步骤】

1. 0.1mol·L^{-1} NaOH 标准溶液的配制与标定

（1）配制　参见实验2。

（2）标定　用电子天平以差减法平行称量 KHP 三份，每份 0.5g 左右，分别置于三只 250mL 锥形瓶中，加约 50mL 蒸馏水溶解，加入 2~3 滴酚酞指示剂，用待标定的 NaOH 溶液滴定至浅粉红色并在 30s 内不褪色，即为终点。平行滴定三次，记录所消耗的 NaOH 溶液的体积，计算 NaOH 溶液的浓度和相对平均偏差。相对平均偏差在 0.2% 以内为合格，否则需重新标定。

2. 甲醛溶液的处理

甲醛中常含有微量的酸，应事先用 NaOH 进行中和。方法如下：取原装甲醛的上层清液于烧杯中，用水稀释一倍，加入 2~3 滴酚酞指示剂，用 0.1mol·L^{-1} NaOH 溶液中和至甲醛溶液呈微红色。

3. 铵盐中含氮量的测定

准确称取 1.6~1.8g 的 $(NH_4)_2SO_4$ 试样于烧杯中，用适量蒸馏水溶解，定量转入 250mL 容量瓶中，加水稀释至刻度，摇匀。

移取 25.00mL 试液于 250mL 锥形瓶中，稀释至约 50mL，加 1~2 滴甲基红指示剂，用 0.1mol·L^{-1} NaOH 标准溶液中和至溶液呈黄色，以除去试样中的游离酸。加入 10mL 已中和的（1+1）甲醛溶液，再加入 1~2 滴酚酞指示剂，充分摇匀，放置 1min。用 0.1mol·L^{-1} NaOH 标准溶液滴定至溶液呈微橙红色并持续 30s 不褪色即为终点。记录消耗的 NaOH 溶液的体积，至少平行测定三次。根据三次滴定结果，计算试样中氮的含量。

【注意事项】

1. KHP 使用前需在 100~125℃ 干燥 1h 后，置于干燥器中冷却备用。

2. 甲醛中含有的微量酸，是由甲醛受空气氧化所致，应除去，否则产生正误差。

3. 由于溶液中已经有甲基红，再用酚酞指示剂，就存在两种变色不同的指示剂。用 NaOH 溶液滴定时，溶液颜色由红色转变为黄色（pH≈6.2），再转变为微橙红色（pH≈8.2）。终点为甲基红的黄色和酚酞微红色的混合色。

【数据记录】

实验编号	1	2	3
m_{KHP}/g			
V_{NaOH}/mL(标定 NaOH 溶液)			
$m_{(NH_4)_2SO_4}$/g			
V_{NaOH}/mL[滴定$(NH_4)_2SO_4$-甲醛反应液]			

【思考题】

1. NH_4NO_3、NH_4Cl 和 NH_4HCO_3 中的含氮量能否用甲醛法测定？

2. 为什么中和甲醛中的游离酸使用酚酞作指示剂，而中和 $(NH_4)_2SO_4$ 试样中的游离酸却使用甲基红作指示剂？

实验 6　有机酸摩尔质量的测定

【实验目的】

1. 掌握通过酸碱滴定法确定有机酸摩尔质量的原理和方法。
2. 进一步熟悉滴定分析的基本操作。

【实验原理】

大多数有机酸（H_nA）是固体弱酸。如果易溶于水，浓度 c 达 0.1mol·L^{-1} 左右且逐级解离常数（K_{ai}）均符合准确滴定的要求 $cK_{ai} \geqslant 10^{-8}$，则可称取一定量的试样，溶于水后用 NaOH 标准溶液滴定。H_nA 和 NaOH 的反应方程式为：

$$H_nA + n\text{NaOH} = \text{Na}_nA + n\text{H}_2\text{O}$$

因滴定产物为强碱弱酸盐（Na_nA），滴定突跃在弱碱性范围内，可选用酚酞作指示剂。

根据下式可以得出有机酸的摩尔质量 $M_{\text{有机酸}}$（g·mol^{-1}）：

$$M_{\text{有机酸}} = \frac{m_{\text{有机酸}}}{\frac{1}{n}c_{\text{NaOH}} \times \frac{V_{\text{NaOH}}}{1000} \times \frac{250.0}{25.00}}$$

【仪器试剂】

1. 仪器

电子天平（精度 0.0001g），锥形瓶（250mL），碱式滴定管（50mL），容量瓶（250mL），移液管（25mL）。

2. 试剂

NaOH（固体，分析纯），KHP（固体，分析纯），酚酞指示剂（2g·L^{-1}，乙醇溶液），有机酸试样（如草酸、酒石酸、柠檬酸、苯甲酸等）。

【实验步骤】

1. 0.1mol·L^{-1} NaOH 标准溶液的配制与标定

参见实验 5。

2. 有机酸摩尔质量的测定

准确称取有机酸试样（如草酸 $H_2C_2O_4·2H_2O$，1.5~1.8g）于 50mL 烧杯中，加水溶解。定量转入 250mL 容量瓶中，加水稀释至刻度，摇匀。

用 25.00mL 移液管平行移取上述试液三份，分别放入 250mL 锥形瓶中，加入 2~3 滴酚酞指示剂，用 NaOH 标准溶液滴定至溶液由无色变为浅粉红色且 30s 内不褪色，即为终点。根据三次滴定结果，计算有机酸的摩尔质量。

【注意事项】

称取有机酸试样的质量需按不同试样预先估算。应提前告知有机酸的摩尔质量范围和 n 值（如草酸，$M_{\text{草酸}} \approx 126\text{g·mol}^{-1}$，$n=2$）。

【数据记录】

实验编号	1	2	3
m_{KHP}/g			
V_{NaOH}/mL（标定 NaOH 溶液）			
$m_{有机酸}$/g			
V_{NaOH}/mL（滴定有机酸）			

【思考题】

1. 在用 NaOH 滴定有机酸时能否使用甲基橙作指示剂？为什么？
2. $Na_2C_2O_4$ 能否作为酸碱滴定的基准物质？为什么？
3. 草酸、柠檬酸、酒石酸等多元有机酸能否用 NaOH 溶液分步滴定？

实验 7　非水滴定法测定醋酸钠的含量

【实验目的】

1. 掌握非水溶液酸碱滴定的原理及操作。
2. 掌握结晶紫指示剂的滴定终点的判断方法。

【实验原理】

醋酸钠是一种很弱的碱（$pK_b = 9.24$），其水溶液不能用强酸准确滴定。选择适当的溶剂如冰醋酸，可大大提高醋酸钠的碱性，以便用 $HClO_4$ 的 HAc 溶液滴定。其滴定反应为：

$$H_2Ac^+ + ClO_4^- + NaAc \Longleftrightarrow 2HAc + NaClO_4$$

邻苯二甲酸氢钾常作为标定 $HClO_4$-HAc 标准溶液的基准物，其反应为：

$$KHC_8H_4O_4 + H_2Ac^+ + ClO_4^- \Longleftrightarrow H_2C_8H_4O_4 + HAc + KClO_4$$

由于测定和标定的产物为 $NaClO_4$ 和 $KClO_4$，它们在非水介质中的溶解度都较小，故滴定过程中随着 $HClO_4$-HAc 标准溶液的不断加入，慢慢有白色浑浊物产生，但并不影响滴定结果。本实验选用醋酸酐-冰醋酸混合溶剂，以结晶紫为指示剂。

$HClO_4$-HAc 标准溶液浓度的计算公式为：

$$c_{HClO_4} = \frac{m_{KHP}}{M_{KHP} \times \dfrac{(V_{HClO_4\text{-}HAc} - V_{HAc})}{1000}}$$

试样中醋酸钠（$M_{NaAc} = 82.03 \text{g} \cdot \text{mol}^{-1}$）的含量可根据下式计算：

$$w_{NaAc} = \frac{c_{HClO_4} \times \dfrac{(V_{HClO_4\text{-}HAc} - V_{HAc})}{1000} \times M_{NaAc}}{m_{NaAc}} \times 100\%$$

【仪器试剂】

1. 仪器

电子天平（精度 0.0001g），锥形瓶（250mL），酸式滴定管（50mL），容量瓶（1000mL）。

2. 试剂

冰醋酸（液体，分析纯），醋酸酐（液体，分析纯），高氯酸（72%，分析纯），KHP（固体，分析纯），结晶紫指示剂（$2\text{g} \cdot \text{L}^{-1}$，冰醋酸溶液），NaAc 试样。

【实验步骤】

1. $0.1 \text{mol} \cdot \text{L}^{-1}$ $HClO_4$-HAc 标准溶液的配制与标定

在 700～800mL 的冰醋酸中缓慢加入 8.5mL 高氯酸，摇匀，在室温下缓慢滴加醋酸酐 24mL，边加边摇，加完后再振摇均匀，冷却，加适量的无水冰醋酸，稀释至 1L，摇匀，放置 24h，使醋酸酐与溶液中的水充分反应。

准确称取 0.5g 左右的 KHP 于 250mL 锥形瓶中，加入冰醋酸 50mL 使其溶解，加结晶紫指示剂 1 滴，用待标定的 $HClO_4$-HAc 溶液滴定至溶液呈蓝绿色，即为终点，平行测定三份。同时取 50mL 冰醋酸进行空白试验。根据 KHP 的质量和所消耗的 $HClO_4$-HAc 溶液的体积，计算 $HClO_4$ 溶液的浓度。

2. NaAc 含量的测定

准确称取 0.20～0.25g 无水 NaAc 试样于 250mL 锥形瓶中，加 30mL 冰醋酸，溶解，加醋酸酐 8mL，加 1 滴结晶紫指示剂，用 $HClO_4$-HAc 标准溶液滴定至溶液由紫色变蓝色，即为终点。平行测定三份，根据所消耗的 $HClO_4$-HAc 溶液的体积，计算试样中 NaAc 的质量分数。同时做空白试验，并将结果用空白值校正。

【注意事项】

1. 醋酸酐 $(CH_3CO)_2O$ 是由 2 个醋酸分子脱去 1 个水分子而成，它与 $HClO_4$ 水溶液发生剧烈反应，反应式为：

$$(CH_3CO)_2O + H_2O \Longrightarrow 2CH_3COOH$$

同时放出大量的热，过热易引起 $HClO_4$ 爆炸。因此，配制时不可使高氯酸与醋酸酐直接混合，只能将 $HClO_4$ 缓慢滴入冰醋酸中，再滴加醋酸酐。

2. 非水滴定过程不能带入水，锥形瓶、量筒等容器均要干燥。

【数据记录】

实验编号	1	2	3
m_{KHP}/g			
$V_{HClO_4\text{-}HAc}$/mL（标定 $HClO_4$-HAc 溶液）			
$V_{HClO_4\text{-}HAc}$/mL（标定空白）			
m_{NaAc}/g			
$V_{HClO_4\text{-}HAc}$/mL（滴定 NaAc）			
$V_{HClO_4\text{-}HAc}$/mL（测定空白）			

【思考题】

1. 什么叫非水滴定？
2. NaAc 在水中的 pH 与在冰醋酸溶剂中的 pH 是否一样？为什么？
3. $HClO_4$-HAc 滴定剂中为什么要加入醋酸酐？
4. KHP 常用于标定 NaOH 溶液的浓度，为何在本实验中可作标定 $HClO_4$-HAc 溶液的基准物质？

实验 8　EDTA 标准溶液的配制与标定

【实验目的】
1. 学习用金属 Zn 标定 EDTA 标准溶液的原理和方法。
2. 学会正确判断以二甲酚橙或铬黑 T 为指示剂的滴定终点。

【实验原理】
分析实验室常用的乙二胺四乙酸（EDTA）通常是其二钠盐，一般含有两分子结晶水，简写为 $Na_2H_2Y·2H_2O$，白色晶体，易溶于水，无臭，无味，无毒。在通常实验条件下，EDTA 约吸附 0.3% 的水分。因此，不能直接将其配制成准确浓度的标准溶液，一般先配成近似浓度后，再用基准物质进行标定。标定 EDTA 所用的基准物有纯金属（Zn、Cu、Ni、Pb 等）、氧化物（CuO、ZnO）、盐（$CaCO_3$、$ZnSO_4·7H_2O$）等。

标定时一般选用铬黑 T 或二甲酚橙作指示剂。二者所要求的酸度条件不同，二甲酚橙指示剂（In）适用的酸度条件为 pH<6；而若用铬黑 T 指示剂，调节 pH 为 6~11。为了减小系统误差，标定时的条件要尽可能与测定时的条件一致。本实验选用纯 Zn 作基准物，标定 EDTA 溶液的浓度。用二甲酚橙（XO）或铬黑 T（EBT）为指示剂（In），分别在 pH 5~6 的六亚甲基四胺缓冲溶液和 pH≈10 的 NH_3-NH_4Cl 缓冲溶液中进行滴定。滴定过程可表示为：

滴定前：$In^{2-} + Zn^{2+} = ZnIn$（甲色）

终点前：$Zn^{2+} + H_2Y = ZnY$（无色）$+ 2H^+$

终点时：$ZnIn$(甲色)$+ H_2Y = ZnY + In^{2-}$(乙色)$+ 2H^+$

终点时溶液由甲色变为乙色。

根据 Zn 标准溶液的浓度和消耗的体积计算 EDTA 标准溶液的浓度。公式如下：

$$c_{EDTA} = \frac{c_{Zn} \times 25.00}{V_{EDTA}}$$

EDTA 几乎能与各种价态的金属离子形成 1∶1 的配合物，通常 EDTA 溶液的浓度都用物质的量浓度表示，常用的浓度为 0.01~0.05mol·L^{-1}。

【仪器试剂】
1. 仪器
电子天平（精度 0.0001g），锥形瓶（250mL），酸式滴定管（50mL），容量瓶（250mL），移液管（25mL）。

2. 试剂
EDTA 二钠盐（固体，分析纯），锌片（纯度 99.99%，分析纯），HCl 溶液（6mol·L^{-1}，1+1），六亚甲基四胺溶液（200g·L^{-1}，水溶液），NH_3-NH_4Cl 缓冲

溶液（pH≈10），氨水（7mol·L^{-1}，1+1），甲基红指示剂（1g·L^{-1}，乙醇溶液），二甲酚橙指示剂（2g·L^{-1}，水溶液），铬黑T指示剂（5g·L^{-1}，三乙醇胺-无水乙醇溶液）。

【实验步骤】

1. 0.02mol·L^{-1} Zn标准溶液的配制

准确称取0.33g左右的锌片于小烧杯中，加入5mL 6mol·L^{-1} HCl溶液，立即盖上表面皿，待锌片完全溶解后，以少量蒸馏水冲洗表面皿，转移至250mL容量瓶中，稀释至刻度，摇匀。计算Zn标准溶液的浓度。

$$c_{Zn} = \frac{m_{Zn}}{M_{Zn} \times \frac{250.0}{1000}}$$

2. 0.02mol·L^{-1} EDTA标准溶液的配制

称取约3.8g EDTA二钠盐于小烧杯中，加适量水溶解后，转移至试剂瓶中，加水稀释至500mL，摇匀。如果溶液久置，最好存贮于聚乙烯塑料瓶中。

3. 0.02mol·L^{-1} EDTA标准溶液的标定

（1）以二甲酚橙作指示剂 用移液管移取25.00mL Zn标准溶液于250mL锥形瓶中，加入1~2滴二甲酚橙指示剂，滴加六亚甲基四胺溶液至溶液呈稳定的紫红色后，再过量滴入5mL。用待标定的EDTA溶液滴定至溶液由紫红色变为亮黄色，即为终点。平行滴定三次。

（2）以铬黑T作指示剂 用移液管移取25.00mL Zn标准溶液于250mL锥形瓶中，加入1滴甲基红指示剂，再滴加氨水至溶液由红色变为黄色，以中和溶液中过量的HCl。然后，加20mL蒸馏水、10mL NH$_3$-NH$_4$Cl缓冲溶液、2~3滴铬黑T指示剂。用待标定的EDTA溶液滴定至溶液由红色变为蓝色，即为终点。

平行滴定三次，记录所消耗的EDTA溶液的体积，计算EDTA标准溶液的浓度。

【注意事项】

当选用金属基准物质标定时，应注意去除金属表面可能存在的氧化膜。一般可先采用细砂纸擦（或稀酸溶）掉氧化膜，再用蒸馏水、乙醇或丙酮冲洗，于110℃的烘箱中烘几分钟，再置于干燥器中冷却备用。

【数据记录】

实验编号	1	2	3
m_{Zn}/g			
V_{EDTA}/mL（以XO为指示剂）			
V_{EDTA}/mL（以EBT为指示剂）			

【思考题】

1. 用 EDTA 标准溶液滴定时为什么要在被测溶液中加入缓冲溶液？

2. 除 Zn 外，标定 EDTA 标准溶液的基准物质还有哪些？

3. 配制 EDTA 标准溶液所用蒸馏水中若含有 Ca^{2+}、Mg^{2+}，对标准溶液浓度有无影响？

4. 用两种指示剂在不同酸度下标定出的 EDTA 的浓度是否相同？如何解释？

实验 9　自来水总硬度的测定

【实验目的】

1. 了解水硬度的含义和常用的硬度表示方法。
2. 掌握络合滴定法测定水硬度的原理和方法。
3. 学会正确判断以铬黑 T 为指示剂的滴定终点。

【实验原理】

水的总硬度是指水中 Ca^{2+} 和 Mg^{2+} 的总量。用 EDTA 配位滴定法测定水的总硬度时，可在 pH≈10 的缓冲溶液中，以铬黑 T 为指示剂（In），用三乙醇胺掩蔽水中的 Fe^{3+}、Al^{3+}、Cu^{2+}、Pb^{2+}、Zn^{2+} 等共存离子，再用 EDTA 直接滴定水中 Ca^{2+} 和 Mg^{2+} 的总量。

测定 Ca^{2+} 的硬度时，可先用 NaOH 调节溶液的 pH>12，使 Mg^{2+} 沉淀为 $Mg(OH)_2$，再加入钙指示剂，用 EDTA 滴定，由此测得 Ca^{2+} 的量。

EDTA 和铬黑 T 能分别与 Ca^{2+} 和 Mg^{2+} 形成配合物，其稳定性 CaY>MgY>MgIn>CaIn。

滴定过程可表示为：

$$In^{2-}(蓝色) + Mg^{2+} \rightleftharpoons MgIn(红色)$$
$$In^{2-}(蓝色) + Ca^{2+} \rightleftharpoons CaIn(红色)$$
$$Ca^{2+} + H_2Y \rightleftharpoons CaY + 2H^+$$
$$Mg^{2+} + H_2Y \rightleftharpoons MgY + 2H^+$$
$$CaIn(红色) + H_2Y \rightleftharpoons CaY + In^{2-}(蓝色) + 2H^+$$
$$MgIn(红色) + H_2Y \rightleftharpoons MgY + In^{2-}(蓝色) + 2H^+$$

目前，我国常采用 $mmol \cdot L^{-1}$ 或 $mg \cdot L^{-1}$（以 $CaCO_3$ 计，$M_{CaCO_3} = 100.1 \ g \cdot mol^{-1}$）为单位表示水的硬度。水的总硬度的计算公式为：

$$总硬度(mg \cdot L^{-1}) = \frac{c_{EDTA} V_{EDTA} M_{CaCO_3}}{V_{水样}} \times 1000$$

【仪器试剂】

1. 仪器

电子天平（精度 0.0001g），锥形瓶（250mL），酸式滴定管（50mL），容量瓶（250mL），移液管（100mL）。

2. 试剂

EDTA 二钠盐（固体，分析纯），甲基红（$1g \cdot L^{-1}$），氨水（$7mol \cdot L^{-1}$），HCl 溶液（$6mol \cdot L^{-1}$），$CaCO_3$ 基准物质，NH_3-NH_4Cl 缓冲溶液（pH≈10），三乙醇胺溶液（$200g \cdot L^{-1}$，1+2），Na_2S 溶液（$20g \cdot L^{-1}$，水溶液），铬黑 T 指示剂（$5g \cdot L^{-1}$，三乙醇胺-无水乙醇溶液），Mg^{2+}-EDTA 溶液（1+1），钙指示剂

（0.05g·L^{-1}），NaOH 溶液（6mol·L^{-1}）。

【实验步骤】

1. 0.01mol·L^{-1} EDTA 标准溶液的配制与标定

（1）配制 称取约 2.0g EDTA 二钠盐于小烧杯中，加适量水溶解后，转移至试剂瓶中，加水稀释至 500mL，摇匀。

（2）标定 准确称取 CaCO$_3$ 基准物质 0.23~0.27g 于烧杯中，加少量水润湿，盖上表面皿，从烧杯嘴处滴加 10mL 6mol·L^{-1} HCl 溶液，加热使 CaCO$_3$ 全部溶解。冷却后用蒸馏水冲洗烧杯内壁及表面皿，将溶液定量转移至 250mL 容量瓶中，稀释至刻度，摇匀，计算 CaCO$_3$ 标准溶液的浓度。用移液管移取 25.00mL 该溶液于锥形瓶中，加 1 滴甲基红，滴加 7mol·L^{-1} 氨水至溶液由红变黄。再加入 20mL 水、5mL Mg^{2+}-EDTA 溶液、10mL NH$_3$-NH$_4$Cl 缓冲溶液、2~3 滴铬黑 T 指示剂，用待标定的 EDTA 溶液滴定至溶液由酒红色变为蓝绿色。平行滴定三次，计算 EDTA 标准溶液的浓度。

2. 自来水总硬度的测定

（1）总硬度的测定 用移液管移取水样 100.00mL 于 250mL 锥形瓶中，加 3mL 三乙醇胺溶液、5mL NH$_3$-NH$_4$Cl 缓冲溶液、1mL Na$_2$S 溶液、2~3 滴铬黑 T 指示剂，用 EDTA 标准溶液滴定至溶液由红色变为蓝色，即为终点。记下所用体积，平行测定三份，计算水的总硬度。

（2）Ca^{2+} 硬度的测定 用移液管移取水样 100.00mL 于 250mL 锥形瓶中，加 6mol·L^{-1} NaOH 溶液 2mL、4~5 滴钙指示剂，用 EDTA 标准溶液滴定至溶液由红色变为蓝色。记下所用体积，平行测定三份，计算水中钙的硬度。

【注意事项】

若水中的 Mg^{2+} 浓度很小，则需在滴定前向水样中加入少量的 Mg^{2+}-EDTA 溶液，以提高滴定终点颜色变化的灵敏度。

【数据记录】

实验编号	1	2	3	平均值
m_{CaCO_3}/g				
V_{EDTA}/mL（标定 EDTA）				
V_{EDTA}/mL（测定总硬度）				
V_{EDTA}/mL（测定钙硬度）				

【思考题】

1. 测定水的总硬度有何实际意义？

2. 本实验中所用的 EDTA 标准溶液能否用 Zn 作基准物，以二甲酚橙作指示剂进行标定？

3. 为什么加入 Mg^{2+}-EDTA 可以提高终点敏锐度？

4. 三乙醇胺为什么必须在加入缓冲溶液之前加入？

实验 10　铝合金中铝含量的测定

【实验目的】

1. 学习溶解铝合金样品的方法。
2. 掌握配位滴定法的置换滴定原理。

【实验原理】

由于 Al^{3+} 在溶液中易形成一系列多核羟基配合物，这些多核羟基配合物与 EDTA 配位缓慢，因而不能用 EDTA 标准溶液直接滴定 Al^{3+}，通常采用返滴定法。

但是铝合金中含有 Si、Mg、Cu、Mn、Fe、Zn 等元素，个别还含有 Ti、Ni 等，返滴定法测定铝含量时，所有能与 EDTA 形成稳定配合物的离子都会产生干扰，因而缺乏选择性。所以，对于如合金、硅酸盐及炉渣等复杂铝试样中铝含量的测定，一般采用置换滴定法，以提高反应的选择性。

先调节溶液 pH≈3.5，加入过量的 EDTA 标准溶液，煮沸几分钟，使 Al^{3+} 与 EDTA 配位完全，冷却后，再调节溶液的 pH 为 5~6，以二甲酚橙为指示剂，用 Zn 标准溶液滴定过量的 EDTA（不计体积）。然后，加入过量的 NH_4F，加热至沸，使 AlY^- 与 F^- 之间发生置换反应，并释放出与 Al^{3+} 等物质的量的 EDTA：

$$AlY^- + 6F^- + 2H^+ \Longrightarrow AlF_6^{3-} + H_2Y^{2-}$$

再用 Zn 标准溶液滴定释放出的 EDTA，由此可得到铝的含量。根据下式可以得出铝合金试样中铝（$M_{Al}=26.98 \text{g·mol}^{-1}$）的含量：

$$w_{Al} = \frac{c_{Zn} \times \dfrac{V_{Zn}}{1000} \times \dfrac{250.0}{25.00} \times M_{Al}}{m_{Al}} \times 100\%$$

【仪器试剂】

1. 仪器

电子天平（精度 0.0001g），锥形瓶（250mL），酸式滴定管（50mL），容量瓶（250mL），移液管（25mL）。

2. 试剂

EDTA 二钠盐（固体，分析纯），锌片（纯度 99.99%，分析纯），HCl 溶液（1+1），HCl 溶液（3mol·L^{-1}，1+3），NaOH 溶液（200g·L^{-1}，水溶液），氨水（7mol·L^{-1}），六亚甲基四胺溶液（200g·L^{-1}，水溶液），二甲酚橙指示剂（2g·L^{-1}，水溶液），NH_4F 溶液（200g·L^{-1}，水溶液），铝合金试样。

【实验步骤】

1. 0.02mol·L^{-1} Zn 标准溶液的配制

参见实验 8。

2. 0.02mol·L^{-1} EDTA标准溶液的配制（不需标定）

参见实验8。

3. 样品的预处理

准确称取0.12g左右的铝合金试样于100mL塑料烧杯中，加入10mL 200g·L^{-1}NaOH溶液，盖上表面皿，水浴加热使其完全溶解。冲洗表面皿，滴加HCl溶液（1+1）至有絮状沉淀产生，再多加10mL HCl（1+1）溶液。定量转至250mL容量瓶中，加蒸馏水至刻度，摇匀。

4. 铝含量的测定

用移液管移取25.00mL上述试液于250mL锥形瓶中，加入30mL EDTA溶液，再加2滴二甲酚橙指示剂，此时溶液呈黄色。滴加氨水调至溶液恰好呈紫红色，再滴加HCl溶液（1+3）使溶液呈现黄色。煮沸3min，冷却。加入20mL六亚甲基四胺溶液，此时溶液应为黄色，如果溶液呈红色，还需滴加HCl溶液（1+3）使其变为黄色。补加2滴二甲酚橙指示剂，用Zn标准溶液滴定至黄色转变为紫红色，停止滴定（此时不计体积）。

向上述溶液中加入10mL NH$_4$F溶液，加热溶液至微沸。稍凉后，再补加2滴二甲酚橙，此时溶液应为黄色。若为红色，应滴加HCl溶液（1+3）使其变为黄色。再用Zn标准溶液滴定至溶液由黄色变为紫红色，即为终点。记下所用体积，平行测定三份，计算试样中铝的含量。

【注意事项】

1. 铝合金中杂质元素较多，通常可用HNO$_3$-HCl混合酸溶解试样，也可以在银坩埚或塑料烧杯中以NaOH-H$_2$O$_2$分解后再用HNO$_3$酸化溶样。

2. 用置换滴定法测定铝，若试样中含有Ti^{4+}、Zr^{4+}、Sn^{4+}等，也会发生和Al^{3+}相同的置换反应而干扰Al^{3+}的测定，这时可以考虑采用掩蔽的方法消除影响，例如，用苦杏仁酸掩蔽Ti^{4+}等。

【数据记录】

m_{Zn}/g	V_{EDTA}/mL(标定EDTA溶液)			m_{Al}/g	V_{Zn}/mL(滴定置换出的EDTA)		
	1	2	3		1	2	3

【思考题】

1. 第一次用Zn标准溶液滴定过量的EDTA，为什么不计滴定体积？能否不用Zn标准溶液，而用没有准确浓度的Zn溶液滴定？

2. 置换滴定中所使用的EDTA为何不需标定？

3. 对于复杂铝试样，不用置换滴定法而用返滴定法测定，所得结果是偏高还是偏低？

4. 终点前溶液的黄色是什么物质的颜色？终点后的紫红色是什么物质的颜色？

实验 11　高锰酸钾标准溶液的配制与标定

【实验目的】

1. 学习 $KMnO_4$ 标准溶液的配制方法和保存条件。
2. 掌握用 $Na_2C_2O_4$ 作基准物标定 $KMnO_4$ 溶液浓度的原理、方法和条件。
3. 了解 $KMnO_4$ 自身指示剂的特点。
4. 学习滴定管中装深色溶液的读数方法。

【实验原理】

市售的 $KMnO_4$ 常含有少量杂质，如硫酸盐、氯化物等，且高锰酸钾的氧化能力较强，易和水中的有机物、空气中的尘埃等还原性物质反应，因此不能用直接法来配制标准溶液。

标定 $KMnO_4$ 所用的基准物有纯铁、As_2O_3、$Na_2C_2O_4$ 等。由于 $Na_2C_2O_4$ 不含结晶水，性质较稳定，使用方便，因此本实验选用 $Na_2C_2O_4$ 来标定 $KMnO_4$ 标准溶液。其反应式如下：

$$2MnO_4^- + 5C_2O_4^{2-} + 16H^+ = 2Mn^{2+} + 10CO_2\uparrow + 8H_2O$$

滴定时可用 MnO_4^- 本身的颜色指示终点。

$KMnO_4$ 本身不够稳定，可以自行分解：

$$4KMnO_4 + 2H_2O = 4MnO_2\downarrow + 4KOH + 3O_2\uparrow$$

分解速率与酸度有关，酸度越高，分解速率越快，Mn^{2+} 和 MnO_2 的存在以及光照都能加速 $KMnO_4$ 的分解。因此，标定好的 $KMnO_4$ 溶液要正确保存，以保持其浓度稳定。但贮存时间较长的标准溶液在使用前要重新标定。

$KMnO_4$ 溶液浓度的计算公式为：

$$c = \frac{m_{Na_2C_2O_4}}{M_{Na_2C_2O_4} \times V_{KMnO_4}} \times \frac{2}{5}$$

【仪器试剂】

1. 仪器

分析天平（精度 0.0001g），酸式滴定管（50mL），移液管（25mL），锥形瓶（250mL）。

2. 试剂

$KMnO_4$（固体），$Na_2C_2O_4$（分析纯或基准试剂），H_2SO_4 溶液（$3mol \cdot L^{-1}$）。

【实验步骤】

1. $KMnO_4$ 溶液的配制

称取约 1.6g $KMnO_4$ 固体，溶于 500mL 水中，加热煮沸 20~30min（应随时补充蒸发的水分），在水浴上保温 1h，冷却后用玻璃砂芯漏斗过滤，以除去 MnO_2

等杂质。滤液贮存于洁净的棕色试剂瓶中。

2. $KMnO_4$ 溶液的标定

准确称取 0.16～0.18g 基准 $Na_2C_2O_4$ 于锥形瓶中，加 10mL 水使之溶解，再加 15mL 3mol·L^{-1} H_2SO_4，加热至 75～85℃，立即用待标定的 $KMnO_4$ 溶液滴定至溶液呈粉红色且 30s 不褪色，即为终点。平行滴定三次。

【注意事项】

1. $KMnO_4$ 与 $Na_2C_2O_4$ 的反应较慢，需要加热，但温度要控制合适，温度太高，反应物易分解；温度太低，反应较慢。

2. 三份 $Na_2C_2O_4$ 基准物不能同时加热至 75～85℃，否则在滴定第一份的过程中，后两份溶液中的 $Na_2C_2O_4$ 会有部分分解。

3. 反应开始时速率很慢，所以要等第一滴 $KMnO_4$ 的紫红色褪去后再滴入第二滴。产物 Mn^{2+} 对反应有催化作用，因此反应会越来越快。

【数据记录】

实验编号	1	2	3
$m_{Na_2C_2O_4}$/g			
V_{KMnO_4}/mL（标定）			

【思考题】

1. 配制 $KMnO_4$ 标准溶液为什么要煮沸一定时间？配制好的溶液为什么要过滤后才能保存？

2. 标定好的 $KMnO_4$ 溶液为什么要贮存在棕色瓶中置于暗处保存？

3. 用 $Na_2C_2O_4$ 标定 $KMnO_4$ 溶液的浓度时，可否用 HCl 或 HNO_3 代替 H_2SO_4？为什么？

4. $KMnO_4$ 溶液需用什么滴定管盛装？为什么？

实验 12　过氧化氢含量的测定

【实验目的】

1. 学习并掌握 $KMnO_4$ 法测定 H_2O_2 的方法和原理。

2. 进一步练习用 $Na_2C_2O_4$ 作基准物标定高锰酸钾溶液浓度的方法和基本操作。

【实验原理】

过氧化氢在工业、生物、医药方面应用非常广泛，可用于漂泊毛、丝织物；也可用于消毒、杀菌；纯的 H_2O_2 可做火箭燃料的氧化剂；通过测量过氧化氢酶对 H_2O_2 分解反应催化作用可以测量过氧化氢酶的活性等。因此，有必要测定过氧化氢溶液中 H_2O_2 的含量。

本实验是根据在酸性条件下，H_2O_2 能够被 $KMnO_4$ 定量氧化的原理，用 $KMnO_4$ 标准溶液对 H_2O_2 进行滴定，从而测定其含量。反应式为：

$$2MnO_4^- + 5H_2O_2 + 6H^+ =\!=\!= 2Mn^{2+} + 5O_2\uparrow + 8H_2O$$

通过滴定时消耗的 $KMnO_4$ 的量可计算过氧化氢溶液中 H_2O_2 的含量。计算公式为：

$$\rho(g\cdot L^{-1}) = \frac{c_{KMnO_4} V_{KMnO_4} \times 34.02}{\frac{25.00}{250.0} \times 10.00} \times \frac{5}{2}$$

【仪器试剂】

1. 仪器

酸式滴定管（50mL），容量瓶（250mL），移液管（25mL、10mL），锥形瓶。

2. 试剂

$Na_2C_2O_4$（分析纯或基准试剂），H_2SO_4 溶液（$3mol\cdot L^{-1}$），$KMnO_4$ 溶液（$0.02mol\cdot L^{-1}$），过氧化氢溶液（30%）。

【实验步骤】

1. $KMnO_4$ 标准溶液的配制和标定

(1) 配制　参见实验 11。

(2) 标定　准确称取 0.16~0.18g 基准 $Na_2C_2O_4$ 于锥形瓶中，加 10mL 水使之溶解，再加 30mL $1mol\cdot L^{-1}$ H_2SO_4，加热至 75~85℃，立即用待标定的 $KMnO_4$ 溶液滴定至溶液呈粉红色且 30s 不褪色，即为终点。平行标定三次，计算 $KMnO_4$ 标准溶液的浓度。

2. H_2O_2 含量的测定

用移液管移取 10.00mL 30% 过氧化氢试样于 250mL 容量瓶中，加水稀释到刻度，摇匀。移取 25.00mL 该溶液 3 份，分别置于 3 个锥形瓶中，各加 30mL 水和

30mL 3mol·L^{-1} H$_2$SO$_4$ 溶液,用上述 KMnO$_4$ 标准溶液滴定至溶液呈粉红色且 30s 内不褪色,即为终点。

【注意事项】

1. KMnO$_4$ 和 H$_2$O$_2$ 的反应以及 KMnO$_4$ 和 Na$_2$C$_2$O$_4$ 的反应开始时反应速率都比较慢,注意滴定速度不要太快,需等第一滴 KMnO$_4$ 溶液的红色褪去后再滴第二滴。

2. 实验完毕,应立即把滴定管清洗干净,以免 KMnO$_4$ 分解后在滴定管壁上残留 MnO$_2$。

【数据记录】

实验编号	1	2	3
$m_{Na_2C_2O_4}$/g			
V_{KMnO_4}/mL(标定)			
V_{KMnO_4}/mL(测定 H$_2$O$_2$)			

【思考题】

1. 应用 KMnO$_4$ 测定 H$_2$O$_2$ 含量时,能否在加热条件下滴定?为什么?

2. 标定反应和测定反应均需加入 H$_2$SO$_4$,为什么?可否用 HAc 代替?为什么?

实验 13 葡萄糖含量的测定

【实验目的】
1. 学习并掌握间接碘量法测定葡萄糖含量的方法和原理。
2. 进一步练习返滴定法的操作。
3. 练习 $Na_2S_2O_3$ 标准溶液的配制与标定。
4. 学习淀粉指示剂的正确使用方法。

【实验原理】
在碱性溶液中,I_2 与 NaOH 作用可生成次碘酸钠(NaIO),葡萄糖分子中的醛基能定量地被 NaIO 氧化成羧基,生成葡萄糖酸($C_6H_{12}O_7$):

$$I_2 + 2NaOH == NaIO + NaI + H_2O$$

$$CH_2OH(CHOH)_4CHO + IO^- + OH^- == CH_2OH(CHOH)_4COO^- + I^- + H_2O$$

过量的 NaIO 在碱性溶液中歧化生成 $NaIO_3$ 和 NaI:

$$3IO^- == IO_3^- + 2I^-$$

当溶液酸化时,$NaIO_3$ 和 NaI 作用又析出 I_2:

$$IO_3^- + 5I^- + 6H^+ == 3I_2 + 3H_2O$$

然后用 $Na_2S_2O_3$ 标准溶液滴定析出的 I_2,便可计算出葡萄糖的含量:

$$I_2 + 2S_2O_3^{2-} == S_4O_6^{2-} + 2I^-$$

反应的计量关系是 1mol I_2 生成 1mol NaIO,1mol 葡萄糖与 1mol NaIO 反应,所以,相当于 1mol 葡萄糖消耗 1mol I_2。计算公式为:

$$w_{葡萄糖} = \frac{\left(c_{I_2} \times V_{I_2} - \frac{1}{2}c_{Na_2S_2O_3} \times V_{Na_2S_2O_3}\right) \times 198.2}{\frac{25.00}{100.0} \times 1000 \times m_{样品}} \times 100\%$$

或

$$w_{葡萄糖} = \frac{\frac{1}{2} \times c_{Na_2S_2O_3}(kV_{I_2} - V_{Na_2S_2O_3}) \times 198.2}{\frac{25.00}{100.0} \times 1000 \times m_{样品}} \times 100\%$$

标定 $Na_2S_2O_3$ 标准溶液大多用 $K_2Cr_2O_7$,为了减少环境污染,本实验采用 KIO_3 作基准物。先利用 KIO_3 与 KI 在酸性条件下反应生成 I_2,再用 $Na_2S_2O_3$ 溶液滴定 I_2,根据称取的 KIO_3 基准物的质量计算 $Na_2S_2O_3$ 溶液的浓度。化学计量关系为:

$$1\text{mol } KIO_3 \sim 3\text{mol } I_2 \sim 6\text{mol } Na_2S_2O_3$$

【仪器试剂】
1. 仪器
分析天平(精度 0.0001g),酸式和碱式滴定管,容量瓶(100mL),碘量瓶等。

2. 试剂

$Na_2S_2O_3 \cdot 5H_2O$（固体），KI（固体），I_2（固体），KIO_3（分析纯），HCl 溶液（1+1），NaOH 溶液（2mol·L^{-1}），淀粉溶液（0.5％）。

【实验步骤】

1. 0.05mol·L^{-1} $Na_2S_2O_3$ 标准溶液的配制与标定

（1）KIO_3 标准溶液的配制　准确称取已烘干的 KIO_3 约 0.22g，置于小烧杯中，加少量水溶解，定量转移至 100mL 容量瓶中，定容，计算其浓度。

（2）$Na_2S_2O_3$ 溶液的配制　称取 6.5g $Na_2S_2O_3 \cdot 5H_2O$ 于烧杯中，加入 300mL 新煮沸且已冷却的蒸馏水，待完全溶解后，加入 0.2g Na_2CO_3，然后用新煮沸已冷却的蒸馏水稀释至 500mL，贮存于棕色瓶中，暗处保存。

（3）$Na_2S_2O_3$ 溶液的标定　移取 25.00mL KIO_3 标准溶液，置于碘量瓶中，加入 1g KI，摇动溶解后加入 HCl（1+1）溶液 5mL，立即用 $Na_2S_2O_3$ 溶液滴定溶液由红棕色变为淡黄色，再加入 2mL 淀粉溶液，继续滴定至蓝色刚好消失为终点。平行滴定三次，计算 $Na_2S_2O_3$ 溶液的浓度。

2. I_2 标准溶液的配制与标定

（1）配制　称取 7g KI 置于烧杯中，加入 20mL 水和 2g I_2，充分搅拌使 I_2 完全溶解，转移至棕色试剂瓶中，加水稀释至 300mL，摇匀。

（2）标定　将 I_2 溶液和 $Na_2S_2O_3$ 溶液分别装入酸式滴定管和碱式滴定管中，从酸式滴定管中放出 20.00mL I_2 溶液于锥形瓶中，加水至 100mL，用 $Na_2S_2O_3$ 溶液滴定至浅黄色，加入 2mL 淀粉溶液，继续滴定至蓝色刚好消失，平行滴定三次。计算 I_2 溶液的浓度或每毫升 I_2 溶液相当于多少毫升 $Na_2S_2O_3$ 溶液，即 $k = V_{S_2O_3^{2-}}/V_{I_2}$。

3. 葡萄糖的测定

准确称取约 0.5g 葡萄糖样品于烧杯中，加少量水溶解后定量转移至 100mL 容量瓶中，加水定容后摇匀。移取 25.00mL 试液于碘量瓶中，加入 40.00mL I_2 标准溶液，在不断摇动下缓慢滴加稀 NaOH 溶液，直至溶液变为浅黄色，盖上碘量瓶盖，放置 15min。然后加入 2mL HCl 溶液，立即用 $Na_2S_2O_3$ 标准溶液滴定至浅黄色，加入 2mL 淀粉溶液，继续滴定至蓝色刚好消失为终点。平行滴定三份，计算试样中葡萄糖的含量。

【注意事项】

1. I_2 容易挥发，实验过程中注意不要剧烈摇动。

2. 淀粉指示剂不能过早加入，须等溶液变为浅黄色后再加入，以免浓度过高的 I_2 与淀粉发生副反应。

3. 氧化葡萄糖时，加 NaOH 的速度要慢，否则，暂时来不及反应的 IO^- 会发生歧化反应，导致误差的产生。

【数据记录】

实验编号	1	2	3
m_{KIO_3}/g			
$V_{Na_2S_2O_3}/mL$(标定 $Na_2S_2O_3$ 溶液)			
$V_{Na_2S_2O_3}/mL$(标定 I_2 溶液)			
$m_{葡萄糖}/g$			
$V_{Na_2S_2O_3}/mL$(滴定葡萄糖)			

【思考题】

1. 配制 I_2 标准溶液时为什么要加 KI？
2. 配制 $Na_2S_2O_3$ 溶液时为什么要加入少量 Na_2CO_3？
3. 测定过程中，加入稀 NaOH 溶液后为什么要放置 15min？
4. 碘量瓶与锥形瓶有什么不同？

实验 14　铁矿石中铁含量的测定

【实验目的】

1. 学习矿样的溶解、试液的预处理方法。
2. 学习无汞法测定铁矿石中铁含量的原理和方法，增强环保意识。
3. 熟悉二苯胺磺酸钠指示剂的变色过程。

【实验原理】

经典的 $K_2Cr_2O_7$ 法（$SnCl_2 + HgCl_2 + K_2Cr_2O_7$）测定铁矿石中铁含量，方法准确、简便，但所用的试剂 $HgCl_2$ 会对环境造成污染。本实验则是采用了无汞的方法测定铁矿石中的铁含量。

铁矿石试样经 HCl 溶解后，在强酸性条件下，用 $SnCl_2$ 将 Fe^{3+} 全部还原为 Fe^{2+} 后，过量的 $SnCl_2$ 可还原甲基橙而使其褪色，从而指示还原 Fe^{3+} 的终点。由于甲基橙被还原的反应是不可逆的，因而其还原产物不会消耗后面滴定时用的 $K_2Cr_2O_7$。

还原 Fe^{3+} 时需在 $4\,mol \cdot L^{-1}$ 的 HCl 中进行。如果 HCl 浓度大于 $6\,mol \cdot L^{-1}$，则 $SnCl_2$ 可先还原甲基橙，且过高的 Cl^- 可能会消耗部分 $K_2Cr_2O_7$；而 HCl 浓度低于 $2\,mol \cdot L^{-1}$ 时，$SnCl_2$ 还原甲基橙的反应较慢。

试液预处理完成后，以二苯胺磺酸钠为指示剂，用 $K_2Cr_2O_7$ 标准溶液滴定其中的 Fe^{2+}，至溶液呈紫色即为终点。主要反应为：

$$2FeCl_4^- + SnCl_4^{2-} + 2Cl^- \Longleftrightarrow 2FeCl_4^{2-} + SnCl_6^{2-}$$

$$6Fe^{2+} + Cr_2O_7^{2-} + 14H^+ \Longleftrightarrow 6Fe^{3+} + 2Cr^{3+} + 7H_2O$$

滴定过程生成的 Fe^{3+} 呈黄色，对终点滴定观察有一定影响，可通过加入 H_3PO_4 方法来消除。H_3PO_4 可与 Fe^{3+} 配位生成无色的 $Fe(HPO_4)_2^-$，同时由于 $Fe(HPO_4)_2^-$ 的生成，降低了 Fe^{3+}/Fe^{2+} 电对的条件电极电位，使突跃范围增大，从而减小滴定误差。Cu^{2+}、$As(V)$、$Ti(Ⅳ)$、$Mo(Ⅵ)$ 等存在时，也可被 $SnCl_2$ 还原，从而干扰测定。

【仪器试剂】

1. 仪器

电子天平（精度 0.0001g），容量瓶（250mL），酸式滴定管，移液管（25mL），锥形瓶等。

2. 试剂

$SnCl_2$ 溶液（$100\,g \cdot L^{-1}$）：$10g\ SnCl_2 \cdot 2H_2O$ 溶于 40mL 浓热 HCl 溶液中，加水稀释至 100mL。

$SnCl_2$ 溶液（$50\,g \cdot L^{-1}$）：将上述溶液稀释 1 倍。

$K_2Cr_2O_7$ 标准溶液：准确称取 0.6~0.7g 已烘干的 $K_2Cr_2O_7$，置于小烧杯中，

加水溶解后定量转移至 250mL 容量瓶中,用水稀释至刻度,摇匀。计算其准确浓度。

浓 HCl 溶液。

硫磷混酸:将 15mL 浓硫酸缓缓加入 70mL 蒸馏水中,冷却后加入 15mL H_3PO_4,混匀。

甲基橙水溶液（$1g·L^{-1}$）。

二苯胺磺酸钠水溶液（$2g·L^{-1}$）。

【实验步骤】

1. 试样溶液的配制

准确称取铁矿石粉 1.0~1.5g 于烧杯中,用少量水润湿,加入 20mL 浓 HCl 溶液,盖上表面皿,在沙浴上加热 20~30min,不时摇动,以免沸腾。若有深色不溶残渣,可滴加 $100g·L^{-1}$ 的 $SnCl_2$ 溶液 20~30 滴助溶。试样完全分解时,残渣应为白色或接近白色（SiO_2）。用少量水吹洗表面皿和烧杯内壁,冷却后将溶液转移到 250mL 容量瓶中,定容,摇匀。

2. 测定

移取上述试样溶液 25.00mL 于锥形瓶中,加入 8mL 浓 HCl 溶液,加热至近沸,加入 6 滴甲基橙溶液,边摇动锥形瓶边滴加 $100g·L^{-1}$ 的 $SnCl_2$ 溶液,待溶液由橙红色变为红色,再缓慢滴加 $50g·L^{-1}$ 的 $SnCl_2$ 溶液至溶液变为淡红色。若摇动后粉色褪去,说明 $SnCl_2$ 过量,可补加 1 滴甲基橙,以除去过量的 $SnCl_2$。此时若溶液呈粉色最好,不影响终点的观察。切勿使 $SnCl_2$ 过量。迅速用流水冷却锥形瓶,再加 50mL 水、20mL 硫磷混酸、4 滴二苯胺磺酸钠。立即用 $K_2Cr_2O_7$ 标准溶液滴定至溶液出现稳定的紫红色为终点。平行测定 3 次。

【注意事项】

1. 应严格控制 $SnCl_2$ 的量,既不能过量也不能不足。
2. 滴甲基橙不要多加,滴定前溶液的粉色不能太深。

【数据记录】

$m_{K_2Cr_2O_7}$ /g	$c_{K_2Cr_2O_7}$ /mol·L^{-1}	$m_{铁矿石}$ /g	$V_{K_2Cr_2O_7}$/mL		
			1	2	3

【思考题】

1. $K_2Cr_2O_7$ 标准溶液为什么可以直接配制?
2. 加入的 $SnCl_2$ 量不足或过量对测定结果有何影响?
3. 加入硫磷混酸后为什么要立即滴定?
4. 生成了 $Fe(HPO_4)_2^-$ 后,为什么会使突跃范围增大?

实验 15　铜盐中铜含量的测定

【实验目的】

1. 学习和掌握间接碘量法测定铜的方法和原理。
2. 学习 $Na_2S_2O_3$ 标准溶液的配制与标定。

【实验原理】

许多含铜物质（铜矿、铜盐、铜合金）中铜的含量可以采用间接碘量法进行测定。其原理是基于 Cu^{2+} 可以氧化 I^- 而生成 CuI 沉淀，同时析出单质 I_2。

$$2Cu^{2+} + 5I^- = 2CuI\downarrow + I_3^-$$

然后用 $Na_2S_2O_3$ 标准溶液滴定析出的 I_2，便可计算出铜的含量。

$$I_2 + 2S_2O_3^{2-} = S_4O_6^{2-} + 2I^-$$

为了防止 Cu^{2+} 水解，Cu^{2+} 氧化 I^- 的反应是在中性弱酸性溶液中进行。酸度过低，反应不完全；酸度过高，I^- 可被空气氧化为 I_2，使结果偏高。

大量 Cl^- 可与 Cu^{2+} 络合，导致 Cu^{2+} 的还原反应不够彻底，因此最好用硫酸调节酸度。对于铜矿石或铜合金，必须要考虑其他能够氧化 I^- 的元素（铁、砷、锑等）所产生的影响。通常用 NH_4HF_2 控制溶液的 pH 为 3.5~4.0，因为 pH>3.5 时，As(V)、Sb(V) 等的氧化性降低，将不再氧化 I^-。NH_4HF_2 的作用不仅是作缓冲剂，还可以掩蔽 Fe^{3+}。另外，Cu^{2+} 与 I^- 的反应是可逆的，为了使 Cu^{2+} 反应趋于完全，通常需要加入过量 KI。

生成的 CuI 沉淀可吸附 I_3^-，从而导致终点变色不够灵敏以及结果偏低，因此，需要加入 KSCN，将 CuI 沉淀转变为溶解度更小的 CuSCN 沉淀，使被吸附的 I_3^- 释放出来。需要注意的是硫氰酸盐应在近终点时加入，否则，KSCN 会还原大量的 I_2 而导致结果偏低。计算公式为

$$w_{Cu} = \frac{c_{Na_2S_2O_3} \times V_{Na_2S_2O_3} \times 63.55}{\frac{25.00}{100.0} \times 1000 \times m_{样品}} \times 100\%$$

【仪器试剂】

1. 仪器

电子天平（精度 0.0001g），容量瓶（100mL、250mL），酸式滴定管，移液管（25mL），锥形瓶等。

2. 试剂

$Na_2S_2O_3 \cdot 5H_2O$（固体），I_2（固体），KI 溶液（10%），KIO_3（分析纯），H_2SO_4 溶液（1mol·L^{-1}），HCl 溶液（1+1），淀粉溶液（0.5%）。

【实验步骤】

1. 0.05mol·L^{-1} $Na_2S_2O_3$ 标准溶液的配制与标定

(1) $Na_2S_2O_3$ 溶液的配制 称取 6.5g $Na_2S_2O_3·5H_2O$ 于烧杯中,加入 300mL 新煮沸且已冷却的蒸馏水,待完全溶解后,加入 0.2g Na_2CO_3,然后用新煮沸已冷却的蒸馏水稀释至 500mL,贮存于棕色瓶中,暗处保存。

(2) KIO_3 标准溶液的配制 准确称取已烘干的 KIO_3 约 0.22g,置于小烧杯中,加少量水溶解,定量转移至 100mL 容量瓶中,定容。计算其浓度。

(3) $Na_2S_2O_3$ 溶液的标定 移取 25.00mL KIO_3 标准溶液,置于锥形瓶中,加入 1g KI,摇动溶解后加入(1+1)HCl 溶液 5mL,立即用 $Na_2S_2O_3$ 溶液滴定溶液由红棕色变为淡黄色,加入 2mL 淀粉溶液,继续滴定至蓝色刚好消失为终点。平行滴定三次,计算 $Na_2S_2O_3$ 溶液的浓度。

2. 铜盐测定

准确称取 0.18～0.22g 硫酸铜试样,置于碘量瓶中,加入 H_2SO_4 溶液 3mL、水 30mL,再加入 KI 溶液 7～8mL,立即用 $Na_2S_2O_3$ 标准溶液滴定至浅黄色,加入 2mL 淀粉溶液,继续滴定到浅蓝色,再加入 5mL KSCN 溶液,摇匀后溶液蓝色变深,继续滴定至蓝色刚好消失,此时溶液应为 CuSCN 的米黄色悬浮液。平行滴定三份,计算试样中铜的含量。

【注意事项】

1. 淀粉指示剂和 KSCN 溶液加入的时间,不能过早。
2. 实验过程要加快速度,以免 I_2 的挥发以及 I^- 被空气中的 O_2 氧化。

【数据记录】

实验编号	1	2	3
m_{KIO_3}/g			
$V_{Na_2S_2O_3}$/mL(标定 $Na_2S_2O_3$ 溶液)			
$m_{样品}$/g			
$V_{Na_2S_2O_3}$/mL(滴定样品)			

【思考题】

1. 硫酸铜样品易溶于水,但溶解时为什么要加硫酸?
2. 如果测定合金中的铜,所用的 NH_4HF_2 能否用 NH_4F 代替?为什么?
3. KSCN 为什么不能早加入?能否用 NH_4SCN 代替?

实验 16　可溶性氯化物中氯含量的测定——莫尔法

【实验目的】

1. 学习 $AgNO_3$ 标准溶液的配制与标定方法。
2. 掌握莫尔法测定氯离子的原理和实验操作。

【实验原理】

可溶性氯化物溶于水后，在中性或弱碱性溶液中，可用 $AgNO_3$ 标准溶液滴定待测液中的氯离子，生成 AgCl 白色沉淀。加入 K_2CrO_4 为指示剂，当氯离子定量反应后，生成砖红色的 Ag_2CrO_4 沉淀，以指示终点的到达。反应如下：

$$Ag^+ + Cl^- =\!= AgCl\downarrow（白色） \quad (K_{sp}=1.8\times10^{-10})$$

$$2Ag^+ + CrO_4^{2-} =\!= Ag_2CrO_4\downarrow（砖红色）(K_{sp}=2.0\times10^{-12})$$

反应需在中性或弱碱性溶液中进行。酸度过高，Ag_2CrO_4 沉淀不易形成；酸度过低，会有 Ag_2O 沉淀生成。

指示剂的用量对滴定有一定影响，一般以 5×10^{-3} mol·L^{-1} 为宜。凡是能与 Ag^+ 反应生成难溶化合物或配合物的离子，如 PO_4^{3-}、AsO_4^{3-}、SO_3^{2-}、CO_3^{2-}、$C_2O_4^{2-}$、S^{2-} 等，均对测定有干扰。其中 S^{2-} 可经加热生成 H_2S 而除去，SO_3^{2-} 可经氧化生成 SO_4^{2-} 而消除其干扰。大量的 Cu^{2+}、Co^{2+}、Ni^{2+} 等有色金属离子会影响终点的观察。凡是能与 CrO_4^{2-} 反应生成难溶化合物的阳离子也会干扰测定，如 Ba^{2+}、Pb^{2+} 等。Ba^{2+} 的干扰可通过加入过量 Na_2SO_4 消除。Al^{3+}、Fe^{3+}、Bi^{3+}、Sn^{4+} 等在该酸度条件下易水解的高价金属离子，也不允许存在。由于水及其他试剂中可能含有少量氯离子，所以可通过空白试验进行校正。计算公式为：

$$w_{Cl}=\frac{c_{AgNO_3}(V_{AgNO_3}-V_{空白})\times 35.45}{\frac{25.00}{250.0}\times 1000\times m_{样品}}\times 100\%$$

【仪器试剂】

1. 仪器

酸式滴定管，容量瓶（100mL、250mL），移液管（25mL），锥形瓶等。

2. 试剂

NaCl 基准试剂，$AgNO_3$（固体），K_2CrO_4 水溶液（5%），NaCl（或其他氯化物）试样。

【实验步骤】

1. $AgNO_3$ 溶液的配制

称取 4.3g $AgNO_3$ 溶解于 500mL 不含 Cl^- 的蒸馏水中，贮存于棕色试剂瓶中，暗处保存。

2. $AgNO_3$ 溶液的标定

准确称取 0.3g 左右的 NaCl 基准物于小烧杯中，用少量水溶解，定量转移至 100mL 容量瓶中，定容后摇匀。取该标准溶液 25.00mL 于锥形瓶中，加入 25mL 水和 1mL K_2CrO_4 水溶液，在不断摇动下，用 $AgNO_3$ 标准溶液滴定至出现砖红色即为终点。平行标定三份，计算 $AgNO_3$ 标准溶液的浓度。

3. 样品的测定

准确称取 5g 左右的 NaCl 试样于烧杯中，加水溶解，定量转移至 250mL 容量瓶中，定容后摇匀。移取 25.00mL 该试液于锥形瓶中，加入 25mL 水和 1mL K_2CrO_4 水溶液，在不断摇动下，用待标定的 $AgNO_3$ 溶液滴定至出现砖红色即为终点。平行滴定三份。

4. 空白试验

取 1mL K_2CrO_4 水溶液，加入适量水，再加入适量 $CaCO_3$ 固体，制成类似于实际滴定的浑浊溶液。逐滴滴入 $AgNO_3$ 溶液，直至与终点颜色相同为止。记录消耗的 $AgNO_3$ 溶液的体积。

【注意事项】

1. 盛装 $AgNO_3$ 溶液的滴定管使用后应立即清洗干净。
2. 该实验中使用的水应含有较少的 Cl^-。

【数据记录】

实验编号	1	2	3
m_{NaCl}/g			
V_{AgNO_3}/mL（标定时消耗）			
$m_{样品}$/g			
V_{AgNO_3}/mL（滴定样品消耗）			

【思考题】

1. $AgNO_3$ 溶液应装在酸式滴定管还是碱式滴定管中？为什么？
2. 若有 NH_4^+ 存在，测定时的酸度应如何控制？
3. 做空白试验时，为什么要加 $CaCO_3$ 固体？

实验 17　可溶性硫酸盐中硫含量的测定

【实验目的】

1. 学习晶形沉淀的沉淀条件和方法。
2. 练习并掌握沉淀的过滤、洗涤和灼烧的操作技术。

【实验原理】

测定 SO_4^{2-} 或 Ba^{2+} 所用的经典方法都是将其沉淀为 $BaSO_4$，经过滤、洗涤和灼烧后，以 $BaSO_4$ 的形式称量，从而求得 S 或 Ba^{2+} 或 SO_4^{2-} 的含量。该方法的高准确度是其他方法所无法比拟的。

$BaSO_4$ 的溶解度较低，在常温下，100mL 水中仅溶解 0.25mg。在过量沉淀剂存在下，溶解度会更小，可以忽略不计。但 $BaSO_4$ 沉淀初形成时，沉淀颗粒较小，过滤时易穿透滤纸，导致沉淀的损失，因此，形成沉淀后，不要马上过滤，而要对其进行陈化，使沉淀的粒径增大，同时提高其纯度。

为了防止其他阴离子与 Ba^{2+} 反应而生成 $BaCO_3$、$Ba_3(PO_4)_2$、$Ba(OH)_2$ 等沉淀，生成 $BaSO_4$ 的反应须在酸性条件下进行。提高酸度，还可以增加 $BaSO_4$ 的溶解度，降低过饱和度，从而有利于获得较好的晶形沉淀。一般沉淀反应是在 $0.05 mol \cdot L^{-1}$ HCl 溶液中进行。

溶液中若有 Pb^{2+}、Sr^{2+} 则会干扰测定；NO_3^-、Cl^-、K^+、Ca^{2+}、Na^+、Mg^{2+} 等也可以发生共沉淀，因此要严格控制沉淀条件，减少共沉淀的杂质，提高分析结果的准确度。

计算公式为：

$$w_S = \frac{m_{BaSO_4} \times 32.06}{M_{BaSO_4} \times m_{样品}} \times 100\%$$

【仪器试剂】

1. 仪器

坩埚，长颈漏斗，定量滤纸，坩埚钳，高温炉，电子天平等。

2. 试剂

HCl 溶液（$2 mol \cdot L^{-1}$），$BaCl_2$ 溶液（10%），$AgNO_3$ 溶液（$0.1 mol \cdot L^{-1}$），HNO_3 溶液（$6 mol \cdot L^{-1}$），Na_2SO_4（或其他硫酸盐）试样。

【实验步骤】

1. 沉淀的制备

准确称取 2 份 0.2~0.3g 的 Na_2SO_4 样品，分别置于 250mL 烧杯中，加 25mL 水溶解，各加入 HCl 溶液 5mL，用水稀释至约 200mL。将溶液加热至沸，在不断搅拌下逐滴滴加 5~6mL $BaCl_2$ 溶液（预先稀释 1 倍并加热），静置 1~2min，让沉淀沉降。在上层清液中加 1~2 滴 $BaCl_2$ 溶液，检查是否沉淀完全。沉淀完全后，盖上表面皿（玻璃棒切勿拿出杯外），将溶液微沸 10min 后，在水浴或沙浴约 90℃下保温 1h。

2. 沉淀的过滤和洗涤

用慢速或中速定量滤纸过滤，再用热蒸馏水洗涤 3~4 次，将沉淀转移到滤纸上，继续用蒸馏水洗涤沉淀至无 Cl^- 为止（检验方法：用试管收集 2mL 滤液，加入 1 滴 HNO_3 酸化，加入 2 滴 $AgNO_3$ 溶液，若无浑浊，说明 Cl^- 已洗净）。将沉淀和滤纸移入已在 800℃±20℃ 的马弗炉中灼烧至恒重的坩埚内。

3. 沉淀的灼烧和恒重

将坩埚放在电热板或电炉上，对沉淀进行烘干、炭化、灰化，然后再在 850℃±20℃ 的马弗炉中灼烧至恒重。灼烧温度不能太高，若超过 950℃，会有部分 $BaSO_4$ 分解（$BaSO_4 == BaO+SO_3\uparrow$）；若遇沉淀变黑，可能是被滤纸的炭还原为 BaS（$BaSO_4+4C == BaS+4CO\uparrow$），可滴加 2~3 滴（1+1）$H_2SO_4$，小心加热，冒烟后重新灼烧（该部分操作参见第 2 章 重量分析基本操作）。

【注意事项】

1. 沉淀的形成过程中一定要按照热、稀、慢、搅拌、陈化的条件进行。
2. 沉淀的烘干、炭化、灰化的过程中温度不能太高，不能升温太快。
3. 若试样中含有 Fe^{3+} 等干扰离子，可在加 $BaCl_2$ 溶液之前，加入 1% 的 EDTA 溶液 5mL，以掩蔽干扰离子。
4. 坩埚在加热前，应除去底部的水分。

【数据记录】

实验编号	1	2
$m_{样品}$/g		
$m_{空坩埚}$/g		
$m_{坩埚+沉淀}$/g		

【思考题】

1. 为什么试液和沉淀剂都要预先加热？
2. 沉淀生成后为什么要冷却后过滤？
3. 为什么要在热的稀 HCl 溶液中沉淀？HCl 加入太多有何影响？
4. 为什么要使沉淀剂 $BaCl_2$ 溶液过量？是否过量越多越好？为什么？

实验 18　钢铁中镍含量的测定

【实验目的】

1. 学习丁二酮肟镍沉淀重量法测定镍的原理和方法。
2. 进一步练习重量分析的基本操作。

【实验原理】

丁二酮肟（分子式为 $C_4H_8O_2N_2$）是一种有机二元弱酸（用 H_2B 表示）。在弱碱性条件下，丁二酮肟可与 Ni^{2+} 反应生成沉淀：

$$H_2B + Ni^{2+} + 2NH_3 \cdot H_2O \Longrightarrow NiB \downarrow + 2NH_4^+ + 2H_2O$$

将沉淀过滤、洗涤后，在 120℃ 下烘干至恒重。根据沉淀的质量可计算试样中镍的含量。

上述沉淀反应的介质是 pH8~9 的氨性溶液。若酸度过高，反应会向逆方向移动，导致 Ni^{2+} 沉淀不完全；酸度过低，则沉淀会部分溶解。若氨的浓度过大，Ni^{2+} 会和 NH_3 生成配合物。该反应的选择性较好，丁二酮肟只与 Ni^{2+}、Pd^{2+}、Fe^{2+} 反应生成沉淀。而 Co^{2+}、Cu^{2+} 则会发生共沉淀现象，因而当该两种离子含量较高时，可进行二次沉淀或预先分离。

计算公式为：

$$w_{Ni} = \frac{m_{NiB} \times 58.69}{M_{NiB} \times m_{样品}} \times 100\%$$

【仪器试剂】

1. 仪器

G_4 砂芯坩埚，漏斗等。

2. 试剂

混酸（$HCl + HNO_3 + H_2O$，3+1+2），酒石酸或柠檬酸溶液（$500g \cdot L^{-1}$），丁二酮肟乙醇溶液（$10g \cdot L^{-1}$），氨水（$7mol \cdot L^{-1}$），HCl 溶液（$6mol \cdot L^{-1}$），HNO_3 溶液（$2mol \cdot L^{-1}$），$AgNO_3$ 溶液（$0.1mol \cdot L^{-1}$），氨-氯化铵洗涤液（100mL 蒸馏水 + 1mL 氨水 + 1g NH_4Cl），微氨性酒石酸溶液（$20g \cdot L^{-1}$，pH 为 8~9），钢铁样品。

【实验步骤】

1. 沉淀的制备

准确称取一定质量的钢样（根据含镍量的不同所称样品的质量不同，应使镍量为 40~80mg）2 份，分别置于 250mL 烧杯中，加 20~40mL 混酸，盖上表面皿，低温加热溶解，煮沸以除去氮的氧化物。再加 5~10mL 酒石酸（每克试样加 10mL），在不断搅拌下，滴加氨水至溶液 pH 为 8~9，此时溶液呈蓝绿色。

若有不溶物，应将沉淀过滤，并用热的氨-氯化铵洗涤液洗涤沉淀数次（洗涤液与滤液合并）。滤液用盐酸酸化，用热蒸馏水稀释至约 300mL，将溶液加热至 70~80℃，在不断搅拌下，加入丁二酮肟乙醇溶液（每毫克镍需加约 1mL），最后再多加 20~30mL。所加试剂的体积不要超过试液体积的 1/3，以免增大沉淀的溶解量。在不断搅拌下滴加 7mol·L^{-1} 氨水溶液，使溶液的 pH 为 8~9。在 60~70℃ 下保温 30~40min。

2. 沉淀的过滤和洗涤

用已烘干至恒重的玻璃砂芯坩埚进行减压过滤，再用微氨性酒石酸溶液洗涤烧杯和沉淀 5~8 次，然后用温热蒸馏水洗涤至无 Cl$^-$ 为止（检验方法：用试管收集 2mL 滤液，加入 1 滴 HNO_3 酸化，加入 2 滴 $AgNO_3$ 溶液，若无浑浊，说明 Cl$^-$ 已洗净）。

3. 沉淀烘干

将坩埚置于 130~150℃ 烘箱中烘干 1h。冷却后称量，直至恒重。

实验完毕，将玻璃砂芯坩埚用稀盐酸洗净。

【注意事项】

1. 沉淀时将溶液的温度加热至 70~80℃，此时温度不能过高，否则乙醇挥发太多，导致丁二酮肟本身的沉淀。

2. 坩埚应置于干燥器中冷却。

【数据记录】

实验编号	1	2
$m_{样品}$/g		
$m_{空坩埚}$/g		
$m_{坩埚+沉淀}$/g		

【思考题】

1. 为什么加入沉淀剂前先加盐酸？

2. 为什么试液和沉淀剂都要预先加热？

3. 生成丁二酮肟镍后也可将沉淀灼烧成氧化镍称量，与本方法相比，哪种方法更好？为什么？

实验 19　邻二氮菲光度法测定铁的含量

【实验目的】
1. 了解分光光度法测定条件的选择方法和原则。
2. 掌握邻二氮菲分光光度法测定微量铁的原理和方法。
3. 学习 722 型分光光度计的构造和使用方法。

【实验原理】
微量铁可以用邻二氮菲分光光度法进行测定。在 pH 为 2～9 的条件下，Fe^{2+} 能与邻二氮菲（或邻菲啰啉，简写 phen）发生配位反应，生成橘红色的配合物，反应如下：

$$Fe^{2+} + 3phen \rightleftharpoons [Fe(phen)_3]^{2+}（橘红色）$$

此络合物的稳定常数为 $10^{21.3}$，摩尔吸光系数为 1.1×10^4。若被测试样中存在 Fe^{3+}，在显色前可用盐酸羟胺将其还原为 Fe^{2+}：

$$2Fe^{3+} + 2NH_2OH \cdot HCl \longrightarrow 2Fe^{2+} + N_2 + 2H_2O + 4H^+ + 2Cl^-$$

测定时，一般控制溶液 pH 为 5 左右。酸度太高，显色反应较慢；酸度过低，Fe^{2+} 可发生水解，影响显色。此外，还应注意以下离子的干扰作用：Bi^{3+}、Cd^{2+}、Hg^{2+}、Ag^+、Zn^{2+} 等可与显色剂反应生成沉淀；Ca^{2+}、Cu^{2+}、Ni^{2+} 等则可与显色剂反应生成有色配合物。

【仪器试剂】
1. 仪器
分光光度计，容量瓶（50mL）或比色管（8 个）。

2. 试剂
铁标准贮备溶液（$100\mu g \cdot mL^{-1}$）：准确称取 0.864g 分析纯 $NH_4Fe(SO_4)_2 \cdot 12H_2O$，置于小烧杯中，用 30mL $2mol \cdot L^{-1}$ HCl 溶液溶解，转移至 1000mL 容量瓶中，定容摇匀。

铁标准工作溶液（$10\mu g \cdot mL^{-1}$）：由上述标准贮备溶液准确稀释 10 倍而成。

邻二氮菲溶液（0.1%）：新配制。

盐酸羟胺溶液（10%）：新配制。

NaAc 溶液（$1mol \cdot L^{-1}$）。

【实验步骤】
1. 条件试验
(1) 吸收曲线的绘制　在 50mL 容量瓶中按次序准确加入以下溶液：$10\mu g \cdot mL^{-1}$ 的铁标准溶液 5.0mL、盐酸羟胺溶液 1mL，摇匀，再加入 NaAc 溶液 5mL、邻二氮菲溶液 3mL。用水稀释至刻度。在分光光度计上，用 1cm 比色皿以水为参比溶液，测定其在 440～580nm 之间的吸光度。每隔 10nm 测定一次吸光度，以波长为横坐标，吸光度为纵坐标，绘制吸收曲线，从曲线上找出最大吸收的波长。

(2) 显色反应的时间　用上述溶液在最大吸收波长处每隔一定时间测定一次吸光度，以时间 t 为横坐标，吸光度 A 为纵坐标，绘制 A-t 曲线。从曲线上可确定显色反应需要的时间。

(3) 显色剂用量的选择　取 7 个 50mL 容量瓶，各加入 $10\mu g \cdot mL^{-1}$ 的铁标准溶液 5.0mL、盐酸羟胺溶液 1mL，摇匀。再分别加入 0.10mL、0.30mL、0.50mL、0.80mL、1.0mL、2.0mL、4.0mL 邻二氮菲和 5mL NaAc 溶液，用水稀释至刻度，摇匀，放置 10min。以水为参比溶液，在选择的波长下测定各溶液的吸光度，并绘制曲线，从曲线上找出显色剂的适宜用量。

2. 铁含量的测定

(1) 标准曲线的绘制　取 6 个 50mL 容量瓶，各加入 $10\mu g \cdot mL^{-1}$ 的铁标准溶液 0mL、2.0mL、4.0mL、6.0mL、8.0mL、10.0mL，盐酸羟胺溶液 1mL，摇匀。再分别加入 3.0mL 邻二氮菲和 5mL NaAc 溶液，用水稀释至刻度，摇匀，放置 10min。以试剂空白为参比，在最大吸收波长下（510nm）测定各溶液的吸光度。以铁含量为横坐标，吸光度为纵坐标，绘制标准曲线。

(2) 未知液中铁含量的测定　吸取 5.00mL 待测试液代替上述的铁标准溶液，其他步骤均同上，测定吸光度。在标准曲线上查出对应的铁含量，计算原待测液中铁的质量浓度（$mg \cdot L^{-1}$）。

【注意事项】

1. 测吸收曲线时，每改变一次波长，均需用自来水调吸光度为零，或透光率为 100%。
2. 在最大吸收波长附近可使波长间隔小一点，多测量几个数据。
3. 注意比色皿的正确使用方法。

【数据记录】

波长/nm	吸光度	时间/min	吸光度	显色剂用量/mL	吸光度	标准溶液量/mL	吸光度	未知液吸光度
440		0		0.3		2.0		
450		10		0.6		4.0		
460		20		1.0		6.0		
470		30		1.5		8.0		
480		40		2.0		10.0		
490		50		3.0				
500		60		4.0				
510		90						
520		120						
530		150						
540		180						
550								

【思考题】

1. 实验中盐酸羟胺的作用是什么？若测定混合液中亚铁离子的含量，是否需要加盐酸羟胺？

2. 在本实验的各项测定中，哪些试剂的量需要准确量取？哪些不必准确量取？

3. 根据实验数据计算络合物的摩尔吸光系数。

4. 为什么本实验可采用蒸馏水作参比溶液？

实验 20　气体常数的测定

【实验目的】

1. 了解一种测定气体常数的方法及其操作。
2. 掌握理想气体状态方程式和气体分压定律的应用。

【实验原理】

根据理想气体状态方程式 $pV=nRT$，可求得气体常数 R 的表达式，即 $R=pV/(nT)$。其数值可以通过实验来确定。本实验通过测量金属镁和稀硫酸反应置换出的氢气的体积，来算出 R 的数值。反应为：

$$\mathrm{Mg+H_2SO_4 = MgSO_4 + H_2\uparrow}$$

准确称取一定质量的镁条，使之与过量的稀硫酸作用，在一定温度（由温度计读出）和压力（由气压计读出）下可测出被置换出来的氢气体积，氢气的物质的量通过反应式由镁条的质量求得。由于在水面上收集氢气，所以氢气中混有饱和水蒸气。查出实验温度下水的饱和蒸气压，根据分压定律，氢气的分压可由下式求得：

$$p_{\mathrm{H_2}} = p - p_{\mathrm{H_2O}}$$

则有：

$$R = \frac{p_{\mathrm{H_2}} V_{\mathrm{H_2}}}{n_{\mathrm{H_2}} T}$$

由此可求得 R 值。

【仪器试剂】

分析天平（精度 0.1mg），测定气体常数的装置（见图 3.1），镁条（铝片、锌片、锌铝合金），$\mathrm{H_2SO_4}$（2mol·L^{-1}）。

【实验步骤】

1. 样品的称量

准确称取三份已擦去表面氧化膜的镁条，每条质量为 0.0250～0.0300g（准确至 0.0001g）。

2. 气体常数的测定

（1）按图 3.1 将实验装置连好，打开反应试管 3 的胶塞，由液面调节管 2 往量气管 1 内装水至略低于"0"刻度位置，上下移动调节管，以赶尽胶管和量气管内的气泡，然后将试管 3 接上并塞紧塞子。

（2）检查装置的气密性。把液面调节管 2 下移（或上移）一段距离，如果量气管内液面只在初始时稍有下降（或上升），以后维持不变（观察 3～4min 以上），即表明装置不漏气。若液面不断下降（或上升），应检查各接口处是否严密，直至确保不漏气

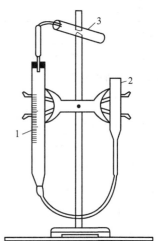

图 3.1　气体常数测定装置
1—量气管；2—液面调节管；
3—反应试管

为止。

(3) 把液面调节管 2 上移（或下移）回原位，取下试管 3，把镁条用水稍微湿润后贴于试管壁一边合适的位置上，即确保镁条既不与酸接触，又不触及试管塞。然后用小量筒小心沿试管的另一边注入 4mL 2mol·L^{-1}硫酸，注意切勿沾污镁条一边的管壁。检查量气管内液面是否处于"0"刻度以下，再次检查装置的气密性。

(4) 将调节管 2 靠近量气管右侧，使两管内液面保持同一水平（为什么？），记下量气管液面位置。将试管 3 底部略微提高，让酸与镁条接触，这时反应产生的氢气进入量气管中，管中的水被压入调节管内。为避免量气管内压力过大，可适当下移液面调节管 2，使两管液面大体保持同一水平。

(5) 反应完毕，待试管 3 冷至室温，然后使调节管 2 与量气管 1 内液面处于同一水平，记录液面位置。1~2min 后，再记录液面位置，直至两次读数一致，即表明管内气体温度已与室温相同。记下室温和大气压。

最后，取下反应管，洗净后换另一片镁条，重复实验。

【注意事项】

1. 本实验装入仪器中的水应该在室温放置 1 天以上，不能直接用自来水，以防溶于自来水中的小气泡附着在管壁上，无法排除。

2. 在等候温度平衡时，应使量气管内液面与调节管液面保持基本相平的位置，以免量气管内形成正负压差而加速氢气的扩散。

【数据记录】

项目	1	2
室温 T/K		
大气压 p/Pa		
镁条的质量/g		
反应前量气管中水面读数/mL		
反应后量气管中水面读数/mL		
氢气的体积/mL		
氢气物质的量/mol		
水的饱和蒸气压 $p(H_2O)$/Pa		
氢气分压 $p(H_2)$/Pa		
气体常数 R/J·mol^{-1}·K^{-1}		
气体常数平均值		
百分误差		

将实验值与一般通用的数值 $R=8.314$J·mol^{-1}·K^{-1}进行比较，讨论造成误差的主要原因。

【思考题】
1. 检查实验装置是否漏气的原理是什么？
2. 实验测得的气体常数应有几位有效数字？
3. 硫酸的浓度和用量是否必须准确？

实验 21 五水硫酸铜的制备与提纯及结晶水测定

【实验目的】

1. 学习利用废铜粉焙烧氧化的方法制备硫酸铜。
2. 掌握无机制备中加热、倾析法、过滤、重结晶等基本操作。
3. 了解使用电阻炉加热的方法。
4. 了解化合物结晶水的测定方法。

【实验原理】

$CuSO_4 \cdot 5H_2O$ 俗名胆矾,它易溶于水而难溶于乙醇,在干燥空气中可缓慢风化。$CuSO_4 \cdot 5H_2O$ 用途广泛,是制取其他铜盐的主要原料,常用作印染工业的媒染剂、农业的杀虫剂、水的杀菌剂、木材防腐剂,也是电镀铜的主要原料。

$CuSO_4 \cdot 5H_2O$ 的制备方法有许多种。如利用废铜粉焙烧氧化的方法制备硫酸铜,可先将铜粉在空气中灼烧氧化成氧化铜,然后将其溶于硫酸而制得硫酸铜。也可采用浓硝酸作氧化剂,用废铜与硫酸、浓硝酸反应来制备硫酸铜。反应式为:

$$Cu + 2HNO_3 + H_2SO_4 = CuSO_4 + 2NO_2\uparrow + 2H_2O$$

溶液中除生成硫酸铜外,还含有一定量的硝酸铜和其他一些可溶性或不溶性杂质,不溶性杂质可经过滤除去。可溶性杂质如 Fe^{2+} 和 Fe^{3+},一般是先将 Fe^{2+} 用氧化剂(如 H_2O_2 溶液)氧化为 Fe^{3+},然后调节溶液 pH 至 3,并加热煮沸,使 Fe^{3+} 以 $Fe(OH)_3$ 形式沉淀除去。

$$2Fe^{2+} + 2H^+ + H_2O_2 = 2Fe^{3+} + 2H_2O$$

$$Fe^{3+} + 3H_2O = Fe(OH)_3\downarrow + 3H^+$$

$CuSO_4 \cdot 5H_2O$ 在水中的溶解度随温度变化较大,因此可采用蒸发浓缩、冷却结晶、过滤的方法,将 $CuSO_4$ 的杂质除去,得到蓝色水合硫酸铜晶体。

$CuSO_4 \cdot 5H_2O$ 在不同温度下逐渐脱水,当温度在 260~280℃ 时则完全脱水成白色粉末状硫酸铜。将已知质量的五水硫酸铜加热,除去所有的结晶水后称量,可计算出水合硫酸铜中结晶水的数目。

【仪器试剂】

1. 仪器

分析天平,吸滤装置,电炉(或煤气灯),水浴锅,蒸发皿,烧杯,坩埚,坩埚钳,干燥器,电阻炉。

2. 试剂

废铜粉(或铜屑),H_2SO_4($3mol \cdot L^{-1}$),HNO_3(浓)。

【实验步骤】

1. 制备与提纯

(1) 称取 3g 铜屑,放入蒸发皿中,灼烧至表面呈黑色,自然冷却(目的在于除去附着在铜屑上的油污,若铜屑无油污,此步可略去)。

(2) 在灼烧过的铜屑中,加入 11mL 3mol·L^{-1} H$_2$SO$_4$,然后缓慢、分批地加入 5mL 浓 HNO$_3$(在通风橱中进行)。待反应缓和后盖上表面皿,水浴加热。在加热过程中需要补加 6mL 3mol·L^{-1} H$_2$SO$_4$ 和 1mL 浓 HNO$_3$(由于反应情况不同,补加的酸量根据具体情况而定,在保持反应继续进行的情况下,尽量少加 HNO$_3$)。待铜屑近于全部溶解后,趁热用倾析法将溶液转至小烧杯中,然后再将溶液转回洗净的蒸发皿中,水浴加热,浓缩至表面有晶体膜出现。取下蒸发皿,使溶液冷却,析出粗的 CuSO$_4$·5H$_2$O,抽滤,称量。

(3) 重结晶。将粗产品以每克需 1.2mL 水的比例溶于水中。水浴加热使 CuSO$_4$·5H$_2$O 完全溶解,趁热抽滤,滤液收集于小烧杯中,让其自然冷却,即有晶体析出(若无晶体析出,可在水浴上再加热蒸发)。完全冷却后,抽滤并抽干,称量。

2. 结晶水的测定

(1) 将一干净的坩埚经 260~280℃ 灼烧至恒重(准确至 1mg),记录数据。在其中放入 1.0~1.2g 磨细的 CuSO$_4$·5H$_2$O,再称重,记录数据。

(2) 将坩埚(连内容物)放在电阻炉内,开盖加热至 260~280℃ 之间,约 40min,待硫酸铜粉末颜色变为白色,用干净的坩埚钳将坩埚及盖移入干燥器内,冷至室温。

(3) 用干净滤纸碎片将坩埚外部擦干净,称重。记录数据。再将坩埚及内容物用上面的方法加热 10~15min。冷却、称重、记录数据。若两次称量结果之差不大于 0.005g,按本实验的要求可认为无水硫酸铜已经"恒重"。否则应重复以上加热操作,直至符合要求。

(4) 由实验所得数据,计算 1mol CuSO$_4$ 结合的结晶水数目。

【数据记录】

项目	第 1 次称量	第 2 次称量	第 3 次称量
空坩埚质量/g			
坩埚+CuSO$_4$·5H$_2$O 质量/g			
CuSO$_4$·5H$_2$O 质量/g			
坩埚+CuSO$_4$ 质量/g			
CuSO$_4$ 质量 m_1/g			
结晶水质量 m_2/g			
$n(\text{CuSO}_4)(=m_1/160)$/mol			
$n(\text{H}_2\text{O})(=m_2/18.0)$/mol			
1mol CuSO$_4$ 结合的结晶水的数目 $z=\dfrac{n(\text{H}_2\text{O})}{n(\text{CuSO}_4)}$/mol			

【思考题】

1. 铜合金试样能否用 HNO_3 分解？

2. 硝酸在 $CuSO_4·5H_2O$ 制备过程中的作用是什么？为什么要缓慢分批加入而且要尽量少加？

3. 列举从铜制备硫酸铜的其他方法，并加以评述。

4. 在水合硫酸铜结晶水的测定中，为什么用电阻炉或沙浴加热并且控制温度在280℃左右？

5. 加热后的坩埚能否未冷却至室温就称量？加热后的热坩埚为什么要放在干燥器内冷却？

6. 为什么要进行重复的灼烧操作？什么叫恒重？为什么要恒重？

第4章 综合性实验

实验22 食醋总酸度的测定

【实验目的】
1. 学习食醋总酸度的测定方法。
2. 熟悉强碱滴定弱酸过程中终点的判断及指示剂的选择。

【实验原理】
食醋的酸性物质除了主要成分醋酸外，还有少量的乳酸等其他弱酸。醋酸的电离常数为1.8×10^{-5}，能够满足直接滴定的条件，因而可以用NaOH标准溶液直接滴定：

$$NaOH + HAc \Longrightarrow NaAc + H_2O$$

化学计量点时溶液的pH为8.7左右，因而可选用酚酞作指示剂，滴定终点时溶液颜色由无色变为粉红色。滴定时除了HAc发生反应，其他弱酸也可与NaOH反应，因而得到的酸度称为总酸度。折算成醋酸的总量，用$\rho_{HAc}(g \cdot L^{-1})$表示。计算公式为：

$$\rho_{HAc} = \frac{c_{NaOH} \times V_{NaOH} \times 60.05 \times 10}{25.00}$$

【仪器试剂】
1. 仪器
电子天平（精度0.0001g），滴定管，移液管（25mL），锥形瓶等。
2. 试剂
NaOH（固体），邻苯二甲酸氢钾（基准试剂，简写KHP），酚酞乙醇溶液（$2g \cdot L^{-1}$），食醋样品。

【实验步骤】
1. $0.1 mol \cdot L^{-1}$ NaOH溶液的配制与标定
（1）配制　称取2g NaOH于烧杯中，加水溶解，稀释至500mL，置于试剂瓶中。
（2）标定　用减量法准确称取邻苯二甲酸氢钾基准物质0.4~0.6g，置于锥形瓶中，加水30mL溶解，再加入2~3滴酚酞指示剂，用待标定的NaOH溶液滴定至溶液呈浅粉色且30s不褪色为终点。平行滴定三次，计算NaOH溶液的浓度。相对偏差应≤±0.2%。

$$c_{\text{NaOH}} = \frac{m_{\text{KHP}} \times 1000}{M_{\text{KHP}} \times V_{\text{NaOH}}}$$

2. 总酸度的测定

准确移取白醋 25.00mL 置于 250mL 容量瓶中，用新煮沸并冷却的蒸馏水稀释至刻度。摇匀，移取 25.00mL 于锥形瓶中，加入 2~3 滴酚酞指示剂，用上述 NaOH 标准溶液滴定溶液至呈浅粉色且 30s 不褪色为终点。平行滴定三次，根据 NaOH 标准溶液的浓度和消耗的体积计算食醋中的总酸度。

【数据记录】

实验编号	1	2	3
m_{KHP}/g			
V_{NaOH}/mL(标定 NaOH)			
V_{NaOH}/mL(滴定样品)			

【思考题】

1. 本实验是否可以用甲基橙作指示剂？为什么？
2. 标定 NaOH 溶液用的邻苯二甲酸氢钾相比于草酸有何优点？
3. 本实验中所用的蒸馏水为什么要煮沸？

实验 23 盐酸、醋酸混合液中各组分的分别测定

【实验目的】

1. 掌握 NaOH、$AgNO_3$ 标准溶液的配制及标定方法。
2. 学习多组分共存时分别测定的方法和原理。

【实验原理】

HCl 是强酸，HAc 是弱酸，但后者 $pK_a=4.74$，满足直接滴定的条件，因而，两种酸共存时，均可以酚酞为指示剂，用 NaOH 标准溶液滴定：

$$HCl + NaOH == NaCl + H_2O$$
$$HAc + NaOH == NaAc + H_2O$$

据此测定 HAc-HCl 混合酸总量。

在 pH=6.5~10.5 的条件下，利用摩尔法进行沉淀滴定，可测得 HCl 的含量，反应为：

$$Ag^+ + Cl^- == AgCl \downarrow (白色)(K_{sp}=1.8\times10^{-10})$$
$$2Ag^+ + CrO_4^{2-} == Ag_2CrO_4 \downarrow (砖红色)(K_{sp}=2.0\times10^{-12})$$

混酸总量减去 HCl 的量即为 HAc 的量。

【仪器试剂】

1. 仪器

电子天平（精度 0.0001g），滴定管，移液管（25mL、50mL），吸量管，锥形瓶等。

2. 试剂

NaOH 溶液（$0.05 mol \cdot L^{-1}$）：称取 1g NaOH 于烧杯中，加适量水溶解，冷却。转入试剂瓶中，加水稀释至 500mL，摇匀（要用新鲜或煮沸除去 CO_2 的水配制）。

酚酞指示剂：（0.2%乙醇溶液）。

基准 KHP：在 100~125℃干燥 1h 后，于干燥器中冷却至室温。

NaCl 标准溶液（$0.1 mol \cdot L^{-1}$）：准确称取 0.5~0.65g NaCl 基准试剂于烧杯中，用水溶解，定量转入 100mL 容量瓶中。定容，摇匀。计算其浓度。

$AgNO_3$ 溶液（$0.1 mol \cdot L^{-1}$）：称取 8.5g $AgNO_3$ 溶于 500mL 无 Cl^- 的水中，转入棕色试剂瓶中，暗处保存。

$KCrO_4$ 溶液（5%水溶液），HCl-HAc 混酸。

【实验步骤】

1. NaOH 溶液的标定

准确称取 0.3~0.5g 的基准 KHP 于 250mL 锥形瓶（或烧杯）中，加约 50mL 水溶解，再加 3~5 滴酚酞指示剂，用 NaOH 溶液滴定至溶液变为微红色（稳定

30s）即为终点。读数，记录。平行标定三次。

2. $AgNO_3$ 溶液的标定

移取 25.00mL NaCl 标准溶液于锥形瓶中，加入 25mL 水，用吸量管加入 1.0mL $KCrO_4$ 溶液，在不断摇动下，用 $AgNO_3$ 溶液滴定至溶液呈砖红色即为终点。平行标定三次，计算 $AgNO_3$ 溶液的浓度。

3. HAc-HCl 混合酸总量的测定

移取 25.00mL HAc-HCl 混合酸试液于锥形瓶中，滴加 3～5 滴酚酞指示剂，用 NaOH 溶液滴定至溶液由无色变为粉色（稳定 30s）即为终点。读数，记录。平行测定三次，计算 HAc-HCl 混合酸总量。

4. HCl 含量的测定

移取 50.00mL 混酸试液于锥形瓶中，用吸量管加入 1.0mL $KCrO_4$ 溶液，在不断摇动下用 $AgNO_3$ 标准溶液滴定至溶液呈砖红色即为终点。平行测定三次，计算试样中氯的含量。

【注意事项】

1. 含有银盐的废液应回收于专用的废液中。
2. 水中 $AgNO_3$ 标准溶液的滴定管用完后应立即清洗干净。

【数据记录】

实验编号	1	2	3
m_{KHP}/g			
V_{NaOH}/mL（标定 NaOH）			
V_{NaOH}/mL（滴定混酸）			
V_{AgNO_3}/mL（标定 $AgNO_3$）			
V_{AgNO_3}/mL（滴定 HCl）			

【思考题】

滴定混酸时可否用甲基橙作指示剂？为什么？

实验 24　碱灰中总碱度的测定

【实验目的】
1. 掌握碱灰中总碱度的测定方法和原理。
2. 熟悉指示剂的选择原则。
3. 进一步练习滴定操作。

【实验原理】
碱灰为不纯的 Na_2CO_3，其中可能含有 $NaCl$、Na_2SO_4、$NaOH$、$NaHCO_3$ 等，用 HCl 滴定时，除了 Na_2CO_3 发生反应，其中的 $NaOH$、$NaHCO_3$ 等碱性杂质也会被中和。如果用酚酞作指示剂，则终点为碱性，$NaHCO_3$ 不参加反应，发生的反应为：

$$NaOH + HCl = H_2O + NaCl$$
$$Na_2CO_3 + HCl = NaHCO_3 + NaCl$$

但该化学计量点的突跃范围较小，终点不敏锐。因此，在实际工作中是以甲基橙为指示剂，滴定到甲基橙的终点。此时，除了上面两个反应外，还发生如下反应：

$$NaHCO_3 + HCl = CO_2 \uparrow + H_2O + NaCl$$

因此，测定的结果是碱的总量，通常以 Na_2O 的百分含量来表示。计算公式为：

$$w_{Na_2O} = \frac{10 \times c_{HCl} \times V_{HCl} \times M_{Na_2O}}{2 \times 1000 \times m_{样品}} \times 100\%$$

【仪器试剂】
1. 仪器
电子天平（精度 0.0001g），滴定管，移液管（25mL），容量瓶（250mL），锥形瓶等。
2. 试剂
HCl（1+1）溶液，无水碳酸钠，甲基橙指示剂（0.1%水溶液），碱灰样品。

【实验步骤】
1. $0.1mol \cdot L^{-1}$ HCl 溶液的配制与标定
(1) 配制　取约 8.5mL（1+1）的 HCl，加水稀释至 500mL。
(2) 标定　用减量法准确称取三份无水碳酸钠 0.16~0.18g，分别置于锥形瓶中，各加水 30mL 溶解，摇动，使其溶解。再加入 2 滴甲基橙指示剂，用待标定的 HCl 溶液滴定溶液由黄色变为橙色。计算 HCl 标准溶液的浓度。相对偏差应 ≤±0.2%。
2. 总酸度的测定

准确称取碱灰试样1.6~2.2g，置于烧杯中，加水使其溶解。必要时可低温加热。冷却后，将溶液定量转移至250mL容量瓶中，定容后摇匀。移取25.00mL上述溶液于锥形瓶中，加入1~2滴甲基橙指示剂，用HCl标准溶液滴定溶液由黄色变为橙色。平行滴定三次，根据HCl标准溶液的浓度和消耗的体积计算总碱度。

【注意事项】

甲基橙指示剂不能多加，否则终点不敏锐。

【数据记录】

实验编号	1	2	3
$m_{Na_2CO_3}/g$			
V_{HCl}/mL（标定NaOH）			
V_{HCl}/mL（滴定样品）			

【思考题】

1. 标定HCl溶液所用的基准物质通常有无水碳酸钠和硼砂，本实验最好选用哪一种？为什么？

2. 若用碳酸钠的质量分数表示总碱度，计算公式如何？

3. 为什么要称取碱灰试样1.6~2.2g，稀释后取其十分之一进行测定？是否可以直接每次称量0.16~0.22g？

实验 25 　阿司匹林药物中乙酰水杨酸含量的测定

【实验目的】
1. 掌握酸碱滴定法测定乙酰水杨酸的方法和原理。
2. 熟悉返滴定操作。

【实验原理】
乙酰水杨酸（阿司匹林）是最常用的解热镇痛药之一，是一种一元有机弱酸（$pK_a=3.0$），其摩尔质量为 $180.16 g \cdot mol^{-1}$，微溶于水，易溶于乙醇。其酸性较强，与 Na_2CO_3、$NaHCO_3$ 均可发生中和反应。因此纯的乙酰水杨酸可以用 NaOH 标准溶液直接滴定。但是阿司匹林药片中一般都添加一定量的赋形剂，如硬脂酸镁、淀粉等不溶物（不溶于乙醇），不宜直接滴定，因而本实验采用返滴定法进行测定。

先将阿司匹林片剂研磨成粉状后加入过量的 NaOH 标准溶液，加热一段时间使乙酰基水解完全：

$$\text{COOH-C}_6\text{H}_4\text{-OCOCH}_3 + 2OH^- \longrightarrow \text{COO}^-\text{-C}_6\text{H}_4\text{-OH} + CH_3COO^- + H_2O$$

再以酚酞为指示剂，用 HCl 标准溶液返滴定过量的 NaOH。测定过程中，1mol 的乙酰水杨酸消耗 2mol 的 NaOH。因而计算公式为：

$$w_{\text{乙酰水杨酸}} = \frac{10 \times (c_{\text{NaOH}} \times V_{\text{NaOH}} - c_{\text{HCl}} \times V_{\text{HCl}}) \times M_{\text{乙酰水杨酸}}}{2 \times 1000 \times m_{\text{样品}}} \times 100\%$$

【仪器试剂】
1. 仪器

电子天平（精度 0.0001g），滴定管，移液管（10mL、25mL），容量瓶（100mL），锥形瓶等。

2. 试剂

NaOH 溶液（$1.0 mol \cdot L^{-1}$），HCl 溶液（$0.1 mol \cdot L^{-1}$），酚酞指示剂（0.2%乙醇溶液），无水碳酸钠基准物，阿司匹林药片，甲基橙指示剂（0.1%水溶液）。

【实验步骤】
1. $0.1 mol \cdot L^{-1}$ HCl 溶液的标定

用减量法准确称取三份无水碳酸钠 0.16~0.18g，分别置于锥形瓶中，各加水 30mL 溶解，摇动，使其溶解。再加入 2 滴甲基橙指示剂，用待标定的 HCl 溶液滴定溶液由黄色变为橙色。计算 HCl 标准溶液的浓度。相对偏差应 ≤±0.2%。

2. NaOH 溶液浓度的标定

用移液管移取 25.00mL NaOH 标准溶液于 100mL 烧杯中，在与测定样品相同的实验条件下进行加热。冷却后，定量转移至 100mL 容量瓶中，稀释至刻度，摇匀。准确移取上述试液 10.00mL 于 250mL 锥形瓶中，依次加入 20~30mL 水、2 滴酚酞指示剂，用 HCl 标准溶液滴至红色刚刚消失即为终点。平行测定三份。计算 NaOH 溶液与 HCl 溶液的体积比，并计算 NaOH 溶液的浓度。

$$c_{NaOH} = \frac{c_{HCl} \times V_{HCl}}{V_{NaOH}} \times 10$$

3. 样品中乙酰水杨酸的测定

将药片在研钵中充分研细并混匀，转入称量瓶中。准确称取 0.6g 左右置于干燥的 100mL 烧杯中，用移液管准确加入 25.00mL 1mol·L^{-1} NaOH 标准溶液后，盖上表面皿，轻摇几下，水浴加热 15min，迅速用流水冷却（防止水杨酸挥发、热溶液吸收空气中的 CO_2 以及淀粉、糊精等进一步水解），将烧杯中的溶液定量转移至 100mL 容量瓶中，用蒸馏水稀释至刻度，摇匀。准确移取上述试液 10.00mL 于锥形瓶中，加 20~30mL 水和 2 滴酚酞指示剂，用 HCl 标准溶液滴至红色刚刚消失即为终点。平行测定三份，根据所消耗的 HCl 溶液的体积计算药片中乙酰水杨酸的质量分数（%）。

【注意事项】

终点时红色褪去的反应较慢，应慢滴快摇。

【数据记录】

实验编号	1	2	3
$m_{Na_2CO_3}$/g			
V_{HCl}/mL（标定 HCl）			
V_{HCl}/mL（标定 NaOH）			
V_{HCl}/mL（滴定样品）			

【思考题】

1. 为什么 NaOH 标准溶液不用基准物质标定，而用 HCl 标准溶液标定？且标定时要加热？

2. 用 HCl 标准溶液标定 NaOH 溶液时，为什么不用甲基橙作指示剂？

3. 返滴定时，HCl 溶液能否和乙酰水杨酸水解出的乙酸根反应？为什么？

实验 26　石灰石中钙、镁含量的测定

【实验目的】
1. 练习用酸溶解试样的方法。
2. 掌握配位滴定法测定石灰石中钙、镁含量的方法和原理。
3. 了解沉淀分离法在分析中的应用。

【实验原理】
石灰石的主要成分是 $CaCO_3$ 和 $MgCO_3$，另外还含有少量的石英、FeS_2、黏土、硅酸盐、磷酸盐和其他碳酸盐。钙、镁含量的测定原理是基于配位反应。在氨性缓冲溶液中，可用铬黑 T 作指示剂，用 EDTA 标准溶液滴定，测定钙、镁的总量。如果调至 pH>12，镁则会生成 $Mg(OH)_2$ 沉淀，再用 EDTA 滴定测得的是钙的含量。

一般石灰石样品可用盐酸溶解。某些难以溶解的试样需要在 Na_2CO_3 的存在下高温熔融，或用 $HClO_4$ 处理，或在高温下灼烧，使其分解成氧化物，再用酸溶解。样品中的铁、铝等元素干扰测定，可在 pH 为 5.5~6.5 的条件下将其沉淀为氢氧化物，从而消除干扰。

【仪器试剂】
1. 仪器

同实验 25。

2. 试剂

EDTA（固体），HCl（1+1）溶液，氨水溶液（1+1），NH_3-NH_4Cl 缓冲溶液（pH≈10），NaOH 溶液（10%），铬黑 T 指示剂，K-B 指示剂，甲基红指示剂（0.2%），三乙醇胺溶液（1+1），碳酸钙（分析纯或基准），Mg-EDTA 溶液（约 0.025 mol·L^{-1}）。

【实验步骤】
1. 0.02 mol·L^{-1} EDTA 标准溶液的配制与标定

(1) 配制　称取 7.6g 乙二胺四乙酸二钠，溶于水中，稀释至 1L。

(2) 标定　准确称取已在 110℃下烘干 2h 的碳酸钙 0.5~0.6g，置于烧杯中，盖上表面皿，加水润湿，再从烧杯嘴滴加数毫升盐酸至完全溶解。用水把可能溅到表面皿上的溶液淋洗到烧杯中，加热近沸。冷却后定量转移到 250mL 容量瓶中，稀释至刻度，摇匀。用移液管移取 25.00mL 该溶液，置于锥形瓶中，加水 25mL、Mg-EDTA 溶液 2mL、10% 的 NaOH 溶液 5mL 以及 10mg 的钙指示剂，用 EDTA 标准溶液滴定至溶液由红色变至蓝色。平行滴定三次，计算 EDTA 标准溶液的浓度。

2. 试液的制备

准确称取石灰石试样 0.5~0.7g，置于烧杯中，缓缓加入 8~10mL HCl（1+1）。盖上表面皿，低温加热至近沸。待反应停止后，再用 HCl 检查是否溶解完全（如何检查？）。如已完全溶解，用水淋洗表面皿，并加水 50mL 以及 1~2 滴甲基红指示剂，用氨水中和至溶液刚刚呈现黄色。煮沸 1~2min，趁热过滤于 250mL 容量瓶中，用热水洗涤 7~8 次，冷却滤液，加水稀释至刻度。

3. 钙量的测定

移取 25.00mL 上述试液于锥形瓶中，加水 25mL、10% 的 NaOH 溶液 4mL，摇匀，使溶液的 pH 达 12~14，再加约 10mg 钙指示剂，用 EDTA 标准溶液滴定至溶液由红色变至蓝色。平行滴定三次。计算钙的含量。

4. 钙、镁总量的测定

移取 25.00mL 试液于锥形瓶中，加水 25mL、NH_3-NH_4Cl 缓冲溶液 5mL，摇匀，使溶液的 pH 为 10 左右，再加约 10mg 铬黑 T 指示剂，用 EDTA 标准溶液滴定至溶液由红色变至蓝色。平行滴定三次，计算钙、镁总量。

【注意事项】

1. 试样中铁、铝含量不高时，溶样后可不必沉淀，在测定时加入三乙醇胺即可掩蔽。

2. 加盐酸溶解样品时，速度要慢，防止溶液溅出。

【数据记录】

实验编号	1	2	3
m_{CaCO_3}/g			
V_{EDTA}/mL（标定 EDTA）			
$m_{样品}$/g			
V_{EDTA}/mL（测定钙）			
V_{EDTA}/mL（测定钙、镁）			

【思考题】

1. 本实验在标定 EDTA 时最好用何种基准物？为什么？

2. 用氨水中和至溶液刚刚呈现黄色时，溶液的 pH 为多少？

3. 标定 EDTA 时为什么要加少量 Mg-EDTA 溶液？加入的镁对测定结果是否有影响？

实验 27　铅、铋混合液中铅、铋含量的连续测定

【实验目的】

1. 学习和掌握由调节酸度提高 EDTA 选择性的原理和方法。
2. 掌握用 EDTA 进行连续滴定的方法。

【实验原理】

Pb^{2+}、Bi^{3+} 均能与 EDTA 形成稳定的 1∶1 配合物，其 lgK 分别为 27.94 和 18.04，二者相差很大，故可利用控制酸度的方法实现分别滴定。用二甲酚橙作指示剂，在 pH 为 1 左右可先测定 Bi^{3+}，然后再调 pH 为 5～6 时滴定 Pb^{2+}。

pH≈1 时，用二甲酚橙作指示剂，反应为：

滴定前：$Bi^{3+} + In^{2-}$ ══ $BiIn^+$（紫红色）

滴定中：$Bi^{3+} + Y^{4-}$ ══ BiY^-（无色）

终点时：$BiIn^+$（紫红色）$+ Y^{4-}$ ══ $BiY^- + In^{2-}$（黄色）

终点颜色由紫红变为黄色。

pH=5～6 时，Pb^{2+} 与 In 反应生成紫红色配合物 PbIn：

滴定前：$Pb^{2+} + In^{2-}$ ══ PbIn（紫红色）

滴定中：$Pb^{2+} + Y^{4-}$ ══ PbY^{2-}（无色）

终点时：PbIn（紫红色）$+ Y^{4-}$ ══ $PbY^{2-} + In^{2-}$（黄色）

终点颜色也是由紫红变为黄色。

【仪器试剂】

1. 仪器

同实验 25。

2. 试剂

EDTA（0.015mol·L^{-1}），二甲酚橙指示剂（0.2%），HCl（1+1）溶液，六亚甲基四胺（200g·L^{-1}），NH_3-NH_4Cl 缓冲溶液（pH≈10），Pb^{2+}、Bi^{3+} 混合液。

锌标准溶液（0.015mol·L^{-1}）：准确称取 0.3g 左右的高纯锌片于烧杯中，加 10mL（1+1）HCl 溶液，加热溶解。冷却至室温，定量转入 250mL 容量瓶中，定容，摇匀。计算其浓度。

【实验步骤】

1. EDTA 标准溶液的标定

移取 Zn^{2+} 标准溶液 25.00mL 于锥形瓶中，用水稀释至约 100mL。加 2～3 滴二甲酚橙指示剂，滴加六亚甲基四胺溶液至溶液呈稳定的紫红色，再多加 5mL。用 EDTA 标准溶液滴定至溶液由紫红色变为黄色即为终点。平行标定三次，计算 EDTA 标准溶液的浓度。

2. Pb^{2+}、Bi^{3+}混合液的测定

移取25.00mL Pb^{2+}、Bi^{3+}混合溶液于锥形瓶中，加1~2滴二甲酚橙指示剂，用EDTA标准溶液滴定至溶液由紫红色变为黄色即为Bi^{3+}的终点。平行测定三次，计算混合液中Bi^{3+}的含量。

在滴定Bi^{3+}后的溶液中滴加六亚甲基四胺溶液至呈稳定的紫红色，再过量5mL（此时溶液pH为5~6）。用EDTA标准溶液滴定至溶液由紫红色变为黄色即为终点。平行测定三次，计算混合液中Pb^{2+}的含量。

【注意事项】

1. EDTA溶液的标定方法很多，要尽量选择与被测组分的测定条件相接近的标定方法标定EDTA，以减少系统误差。

2. 严格控制溶液的pH是本法的关键，所以缓冲溶液的pH及其加入量要相对准确。

【数据记录】

实验编号	1	2	3
m_{Zn}/g			
V_{EDTA}/mL(标定EDTA)			
V_{EDTA}/mL(测定铋)			
V_{EDTA}/mL(测定铅)			

【思考题】

1. 本实验为什么不用醋酸-醋酸钠缓冲溶液调pH？
2. 为什么测定Bi^{3+}时没有调节pH？此时能否确保溶液的pH<1？

实验 28　水泥中 SiO_2、Fe_2O_3、Al_2O_3、CaO、MgO 含量的测定

【实验目的】

1. 掌握氯化铵重量法测定水泥中硅酸盐含量的方法。
2. 学习配位滴定法测定水泥中 Fe_2O_3、Al_2O_3 等含量的测定方法。
3. 学会各种方法的测量条件、指示剂的选择，并有一定的鉴别能力。
4. 掌握配位滴定的几种测定方法——直接滴定法、返滴定法等，以及这些方法的计算。

【实验原理】

1. SiO_2 含量测定——重量法

硅酸盐水泥熟料主要由 CaO、SiO_2、Al_2O_3 和 Fe_2O_3 四种氧化物组成。通常这四种氧化物总量在熟料中占 95％以上。每种氧化物含量虽然不是固定不变的，但变化范围很小。水泥熟料中除了上述四种主要氧化物以外，还有含量不到 5％的其他少量氧化物，如 MgO、TiO_2、SO_3 等。

水泥熟料中碱性氧化物占 60％以上，因此宜采用酸分解。水泥熟料主要为硅酸三钙（$3CaO \cdot SiO_2$）、硅酸二钙（$2CaO \cdot SiO_2$）、铝酸三钙（$3CaO \cdot Al_2O_3$）、铁铝酸四钙（$4CaO \cdot Al_2O_3 \cdot Fe_2O_3$）等化合物的混合物。这些化合物与盐酸作用时，生成硅酸和可溶性的氯化物，反应式如下：

$$2CaO \cdot SiO_2 + 4HCl \longrightarrow 2CaCl_2 + H_2SiO_3 + H_2O$$

$$3CaO \cdot SiO_2 + 6HCl \longrightarrow 3CaCl_2 + H_2SiO_3 + 2H_2O$$

$$3CaO \cdot Al_2O_3 + 12HCl \longrightarrow 3CaCl_2 + 2AlCl_3 + 6H_2O$$

$$4CaO \cdot Al_2O_3 \cdot Fe_2O_3 + 20HCl \longrightarrow 4CaCl_2 + 2AlCl_3 + 2FeCl_3 + 10H_2O$$

硅酸是一种很弱的无机酸，在水溶液中绝大部分以溶胶状态存在，其化学式以 $SiO_2 \cdot nH_2O$ 表示。在用浓酸和加热蒸干等方法处理后，绝大部分硅胶脱水成水凝胶析出，因此可利用沉淀分离的方法把硅酸与水泥中的铁、铝、钙、镁等其他组分分开。

在水泥经酸分解后的溶液中，采用加热蒸发近干和加固体氯化铵两种措施，使水溶性胶状硅酸尽可能全部脱水析出。蒸干脱水于将溶液控制在 100℃ 左右下进行。由于 HCl 的蒸发，硅酸中所含的水分大部分被带走，硅酸水溶胶即成为水凝胶析出。由于溶液中的 Fe^{3+}、Al^{3+} 等在温度超过 110℃ 时易水解生成难溶性的碱式盐而混在硅酸凝胶中，这样将使 SiO_2 的结果偏高，而 Fe_2O_3、Al_2O_3 等的结果偏低，故加热蒸干宜采用水浴以严格控制温度。加入固体氯化铵后由于氯化铵易解离生成 $NH_3 \cdot H_2O$ 和 HCl，加热时它们易于挥发逸去，从而消耗了水，因此能促进硅酸水溶胶的脱水作用，反应式如下：

$$NH_4Cl + H_2O \longrightarrow NH_3 \cdot H_2O + HCl$$

含水硅酸的组成不固定，故沉淀经过过滤、洗涤、烘干后，还需经 $950\sim 1000^{\circ}\text{C}$ 高温灼烧成固体成分 SiO_2，然后称量，根据沉淀的质量计算 SiO_2 的质量分数。灼烧时的反应如下：

$$H_2SiO_3 \cdot nH_2O \xrightarrow{110^{\circ}\text{C}} H_2SiO_3 \xrightarrow{950\sim 1000^{\circ}\text{C}} SiO_2$$

得到的 SiO_2 沉淀应为雪白而疏松的粉末，若沉淀呈灰色、黄色或红棕色，说明沉淀不纯，在要求较高的测定中，应用氢氟酸-硫酸处理。

水泥中的铁、铝、钙、镁等组分以 Fe^{3+}、Al^{3+}、Ca^{2+}、Mg^{2+} 等形式存在于过滤完 SiO_2 沉淀后的滤液中，它们都能与 EDTA 形成稳定的螯合物，但稳定性有较显著的区别，$K_{AlY}=10^{16.3}$，$K_{Fe(III)Y}=10^{25.1}$，$K_{CaY}=10^{10.69}$，$K_{MgY}=10^{8.7}$。因此只要通过控制适当的酸度，就可以进行分别滴定。

2. Fe_2O_3 的测定——配位滴定法

控制溶液的 pH 为 $2\sim 2.5$，以磺基水杨酸为指示剂，用 EDTA 标准溶液滴定，溶液由紫红色变为微黄色即为终点。

$$Fe^{3+}+HIn^{-}（无色）\Longleftrightarrow FeIn^{+}（紫红）+H^{+}$$

终点前：　　　　$Fe^{3+}+H_2Y^{2-}\Longleftrightarrow FeY^{-}+2H^{+}$

终点时：　　$FeIn^{+}（紫红）+H_2Y^{2-}\Longleftrightarrow FeY^{-}+HIn^{-}（亮黄）+H^{+}$

滴定温度 $60\sim 70^{\circ}\text{C}$ 为宜，当温度高于 75°C 时，Al^{3+} 也能与 EDTA 形成螯合物，使测定 Fe^{3+} 结果偏高，Al^{3+} 结果偏低。当温度低于 50°C 时，反应速率缓慢，不易得出确定的终点。另外，配位滴定中有 H^{+} 产生：

$$Fe^{3+}+H_2Y^{2-}\Longleftrightarrow FeY^{-}+2H^{+}$$

所以在没有缓冲作用的溶液中，当 Fe^{3+} 含量较高时，滴定过程中溶液的 pH 逐渐降低，妨碍反应进一步完成，以致终点变色缓慢，难以确定。

3. Al_2O_3 的测定——配位滴定法

以 PAN 为指示剂，用铜盐返滴定。Al^{3+} 与 EDTA 的反应速率慢，所以一般先加入过量的 EDTA，加热煮沸，使 Al^{3+} 与 EDTA 充分反应，然后用 $CuSO_4$ 标准溶液返滴定过量的 EDTA。AlY^{-} 无色，PAN 在测定条件（pH≈4.3）下为黄色，所以滴定开始前溶液为黄色，随着 $CuSO_4$ 的加入，CuY^{2-} 为浅蓝色，因此溶液逐渐由黄色变绿色，在过量的 EDTA 与 Cu^{2+} 完全反应后，继续加入 $CuSO_4$，Cu^{2+} 与 PAN 形成紫红色配合物，由于蓝色 CuY^{2-} 的存在，终点溶液呈紫色。

反应如下：

$$Al^{3+}+H_2Y^{2-}\Longleftrightarrow AlY^{-}（无色）+2H^{+}$$
$$Cu^{2+}+H_2Y^{2-}\Longleftrightarrow CuY^{2-}（蓝色）+2H^{+}$$
$$Cu^{2+}+PAN \Longleftrightarrow Cu^{2+}\text{-}PAN（紫色）$$

溶液中有三种有色物质存在：黄色的 PAN、蓝色的 CuY^{2-}、紫红色 Cu-PAN，且三者的浓度又在变化中，因此颜色变化较复杂。滴定终点颜色的变化是否敏锐取决于蓝色的 CuY^{2-} 浓度的大小，其量等于加入的过量 EDTA 的量。一般情况下，在 10mL 溶液中加入 EDTA 标准溶液（浓度在 $0.015mol·L^{-1}$），以过量 10mL 为宜。另外，测定 Al^{3+} 的适宜酸度为 pH＝4～5，最适宜为 pH≈4.3。PAN 是一种二元弱酸，用 H_2In^+ 表示：

$$H_2In^+ \xrightarrow{pK_{a1}=2.9} HIn \xrightarrow{pK_{a2}=11.95} In^-$$
淡绿色　　　　　黄色　　　　　红色

4. CaO、MgO 的测定

方法和原理同"实验 9　自来水总硬度的测定"或"实验 26　石灰石中钙、镁含量的测定"。

【仪器试剂】

1. 仪器

移液管（25mL，50mL），玻璃棒，锥形瓶，碱式滴定管（50mL），250mL 容量瓶，电热器，水浴锅，洗瓶，表面皿，定量滤纸，漏斗，瓷坩埚，马弗炉，精密 pH 试纸，分析天平，干燥器。

2. 试剂

浓 HCl，HCl 溶液（1＋1），HCl（3＋97）溶液，浓 HNO_3，氨水（1＋1），NaOH 溶液（10％），NH_4Cl（固体），NH_4SCN 溶液（10％），三乙醇胺溶液（1＋1），EDTA 溶液（$0.015mol·L^{-1}$），$CuSO_4$ 溶液（$0.015mol·L^{-1}$），HAc-NaAc（pH≈4.3）缓冲溶液，NH_3-NH_4Cl（pH≈10）缓冲溶液，0.5％的溴甲酚绿指示剂，磺基水杨酸溶液（10％），0.2％PAN 指示剂，酸性铬蓝 K-萘酚绿，钙指示剂，MgY 溶液，水泥样品。

【实验步骤】

1. SiO_2 的测定

① 准确称取 0.4g 左右的试样，置于洁净、干燥的 50mL 烧杯中，加入 2.5～3g 固体 NH_4Cl，用玻璃棒混匀，滴加浓 HCl 溶液至试样全部润湿（一般约需 5mL），并滴加 2～3 滴浓 HNO_3，搅匀。

② 盖上表面皿，置于沸水浴上，加热 10min 至近干，取下，加 HCl（3＋97）约 10mL，搅动，以溶解可溶性盐类。

③ 以中速定量滤纸过滤，并不断用 HCl（3＋97）洗涤沉淀至滤液中不含铁离子为止（用 NH_4SCN 检验）。

④ 将滤液定量转移至 250mL 容量瓶中，定容，摇匀，供后续测定使用。

⑤ 将沉淀连同滤纸放入已恒重的瓷坩埚中，低温干燥、炭化并灰化后，于 950℃灼烧 30min，取出，稍冷，再置于干燥器中冷却至室温，称量。再灼烧、称量，直至恒重。计算试样中 SiO_2 的质量分数。

2. 0.01mol·L^{-1}钙标准溶液的配制

用减量法准确称取 0.37～0.38g 纯碳酸钙，用 （1＋1） 盐酸溶解（计算用量，不要过量太多），加适量水，定量转移至 250mL 容量瓶中，定容，摇匀，计算其浓度。

3. EDTA 溶液的标定

移取 25.00mL 钙标准溶液至锥形瓶中，加 20mL 水、2mL MgY，5mL NH$_3$-NH$_4$Cl 缓冲溶液和 10mg 钙指示剂，摇匀。用待标定的 EDTA 滴定至溶液由酒红色变为纯蓝色即为终点，记录消耗 EDTA 溶液的体积，计算 EDTA 溶液的浓度。

4. EDTA 与 CuSO$_4$ 标准溶液的体积比 K 的求算

从滴定管缓慢放出 10～15mL EDTA 标准溶液于锥形瓶中，记录所放 EDTA 标准溶液的体积为 V_1，加水稀释至 150～200mL。加入约 15mL pH＝4.3 的缓冲溶液，加热至沸，取下稍冷，加 5～6 滴 2％PAN 指示液，以 CuSO$_4$ 标准溶液滴定至亮紫色。记录消耗 CuSO$_4$ 标准溶液的体积 V_2，平行测定三次，计算 V_1 与 V_2 的比值 K。

5. Fe^{3+} 的测定

移取过滤后定容于 250mL 容量瓶的试液 50.00mL 于锥形瓶中，加 2 滴 0.05％溴甲酚绿指示剂，溶液变为黄色。逐滴滴加 （1＋1） 氨水使溶液成为绿色，再用 （1＋1） HCl 溶液调节溶液至黄色后继续过量 3 滴。置于 70℃ 水浴中加热 10min，取下，加 6～8 滴磺基水杨酸，趁热用 0.015mol·L^{-1} EDTA 标准溶液滴定。滴定开始时溶液为紫红色，此时滴定速度可稍快。当溶液变为淡紫红色时，滴定速度一定要慢。每加一滴摇一摇，可稍稍加热（因为 Fe^{3+} 与 EDTA 的反应较慢），至溶液由紫红色变为亮黄色即为终点，记录 EDTA 的消耗体积。平行测定三次，求 Fe$_2$O$_3$ 的含量。

6. Al^{3+} 的测定

从滴定管中放入 20.00mL EDTA 标准溶液于测定完 Fe$_2$O$_3$ 后的试液中，记录所放 EDTA 标准溶液的体积。加 15mL HAc-NaAc 缓冲溶液，煮沸 1min，稍冷后加入 4 滴 0.2％PAN，以 0.015mol·L^{-1} CuSO$_4$ 标准溶液滴定至紫红色。记录 CuSO$_4$ 消耗的体积。注意临近终点时应剧烈摇动，并缓慢滴定。平行测定三次，求 Al$_2$O$_3$ 的含量。

7. Ca^{2+} 的测定

移取分离 SiO$_2$ 后的滤液 25.00mL 于锥形瓶中，用水稀释至约 50mL。加 4mL 三乙醇胺溶液，摇匀后再加 5mL NaOH 溶液，摇匀。再加入 10mg 钙指示剂，此时溶液呈酒红色。用 EDTA 标准溶液滴定至溶液呈蓝色为终点。平行标定三次，计算 CaO 的含量。

8. Mg^{2+} 的测定

移取分离 SiO$_2$ 后的滤液 25.00mL 于锥形瓶中，用水稀释至约 50mL。加 4mL

三乙醇胺溶液，摇匀后再加 5mL NH$_3$-NH$_4$Cl（pH≈10）缓冲溶液，摇匀。再加入适量酸性铬蓝 K-萘酚绿 B 指示剂，此时溶液呈酒红色。用 EDTA 标准溶液滴定至溶液呈蓝色为终点。平行标定 3 次，计算钙、镁的总量，减去钙的量即为镁的量。

【注意事项】

1. 严格控制硅酸脱水的温度和时间。脱水温度不要超过 110℃，若温度过高，某些氯化物，如 AlCl$_3$、FeCl$_3$、MgCl$_2$ 易水解，生成难溶于水的碱式盐或氢氧化物，混入沉淀使 SiO$_2$ 结果偏高。当温度高至 120℃ 以上时，它们还可能与硅酸结合生成一部分几乎不被盐酸分解的硅酸盐，不易过滤与洗涤，使硅酸沉淀夹带较多杂质。脱水温度如不够，则可溶性的硅酸未能完全转变成不溶性硅酸，在过滤、洗涤时会透过滤纸，将使 SiO$_2$ 结果偏低。

2. 必须使用水浴。使用水浴加热，蒸发皿底部绝大部分置于蒸汽氛围中，温度易控制，水蒸气温度为 100～110℃，最有利于硅酸脱水。

3. 应用正确的洗涤方法。为了防止 TiO^{2+}、Al^{3+} 和 Fe^{3+} 等的水解和硅酸溶胶透过滤纸，可先用热的稀盐酸（3+97）洗涤沉淀 3～4 次，再用热水充分洗涤。一般洗液不宜超过 120mL。

4. 灰化时，坩埚盖应半开，不能使滤纸产生火焰。需充分灰化后（呈灰白色）再移高温下 950～1000℃灼烧沉淀。

5. 直接滴定铝时，最适宜 pH 范围在 2.5～3.5 之间。溶液 pH 低于 2.5 时，Al^{3+} 与 EDTA 的配位反应不能完全进行，而高于 3.5 时 Al^{3+} 会有较大的水解倾向。

6. 指示剂的用量也会影响滴定结果的准确性。直接滴定法采用 PAN 和 Cu-EDTA 指示剂，PAN 的用量一般为 2～3 滴，太多会影响滴定终点的判断。

【数据记录】

实验编号	1	2	3
$m_{样品}$/g			
$m_{空坩埚}$/g			
$m_{空坩埚+SiO_2}$/g			
m_{CaCO_3}/g			
V_{EDTA}/mL(标定 EDTA)			
V_{CuSO_4}/mL(求 K)			
V_{EDTA}/mL(测 Fe^{3+})			
V_{EDTA}/mL(测 Al^{3+})			
V_{EDTA}/mL(测 Ca^{2+})			
V_{EDTA}/mL(测 Ca^{2+}+Mg^{2+})			

【思考题】

1. SiO_2 如何用容量法进行测定？
2. 测定 Ca^{2+} 时为什么要先加三乙醇胺后再加 NaOH？

实验 29　由易拉罐制备明矾及其纯度测定

【实验目的】

1. 了解明矾的制备方法。
2. 认识铝和氢氧化铝的两性。
3. 掌握溶解、过滤、结晶以及沉淀的转移和洗涤等基本操作。

【实验原理】

硫酸铝钾的化学式为 $KAl(SO_4)_2 \cdot 12H_2O$ 或 $K_2SO_4 \cdot Al_2(SO_4)_3 \cdot 24H_2O$，俗称明矾，是一种典型的复盐，溶于水，不溶于乙醇。明矾溶于水后产生 Al^{3+}，Al^{3+} 水解生成 $Al(OH)_3$ 胶体，该胶体粒子带有正电荷，与带负电荷的泥沙胶粒相遇，失去了电荷的胶粒很快就聚结在一起，粒子变大形成沉淀沉入水底，使水澄清。所以，明矾常可用作净水剂。明矾中所含有的铝对人体有害，长期饮用明矾净化的水，可能会引发老年痴呆症。因此，现在已经不再用明矾作净水剂，但其在食品改良剂和膨松剂等方面还有一定的应用。

易拉罐多以铝合金为表面原料，再在罐的内壁涂上有机层，使饮料与铝合金隔离开来，以防人体摄入过量铝而影响健康。易拉罐含铝约95%，还有少量镁、锰、硅、铁、铜等。易拉罐易溶于酸，在碱中大部分能溶解。

本实验以易拉罐为原料，经表面处理、剪成碎屑后，溶于氢氧化钠溶液中得 $NaAlO_2$ 溶液（氢气遇明火爆炸，碱溶解易拉罐必须在通风橱中进行）：

$$2Al + 2NaOH + 2H_2O =\!=\!= 2NaAlO_2 + 3H_2 \uparrow$$

用饱和碳酸氢铵溶液调节溶液的 pH，使溶液中的 $NaAlO_2$ 转化为 $Al(OH)_3$ 沉淀：

$$NaAlO_2 + NH_4HCO_3 + H_2O =\!=\!= Al(OH)_3 \downarrow + NH_3 \uparrow + NaHCO_3$$

在加热的条件下将氢氧化铝溶于硫酸中形成硫酸铝溶液，再加入等物质的量的 K_2SO_4 溶解后冷却，结晶过滤，烘干得到明矾晶体。

$$2Al(OH)_3 + 3H_2SO_4 =\!=\!= Al_2(SO_4)_3 + 6H_2O$$
$$Al_2(SO_4)_3 + K_2SO_4 + 24H_2O =\!=\!= K_2SO_4 \cdot Al_2(SO_4)_3 \cdot 24H_2O$$

表 4.1　不同温度下明矾、硫酸铝、硫酸钾的溶解度 $/g \cdot (100gH_2O)^{-1}$

温度 T/K	273	283	293	303	313	333	353	363
$KAl(SO_4)_2 \cdot 12H_2O$	3.00	3.99	5.90	8.39	11.7	24.8	71.0	109
$Al_2(SO_4)_3$	31.2	33.5	36.4	40.4	45.8	59.2	73.0	80.8
K_2SO_4	7.4	9.3	11.1	13.0	14.8	18.2	21.4	22.9

由于 Al^{3+} 易水解而形成一系列多核氢氧基配合物，且与 EDTA 反应慢，因此，常用返滴定法或置换法测定铝含量。先加入定量过量的 EDTA 标准溶液，加

热煮沸几分钟，使铝配合完全，调 pH 为 5~6，以二甲酚橙为指示剂，用 Zn^{2+} 标准溶液滴定过量的 EDTA。然后，加入过量的 NH_4F，加热至沸，使 AlY 与 F^- 之间发生置换反应，释放出与 Al^{3+} 等物质的量的 EDTA，再用 Zn^{2+} 标准溶液滴定释放出来的 EDTA，从而得到铝的含量。有关反应如下：

pH=3.5 时　　　Al^{3+}（试液）$+Y^{4-}$（过量）$=\!=\!= AlY^- + Y^{4-}$（剩）

pH=5~6 时，加 XO 指示剂（黄色），用 Zn^{2+} 标准溶液滴定剩余的 Y^{4-}

$$Zn^{2+} + Y^{4-}（剩）=\!=\!= ZnY^{2-}$$

终点时：　　　　　$Zn^{2+} + XO =\!=\!= Zn\text{-}XO$（紫红色）

颜色变化：黄色 $\longrightarrow$ 紫红色

加入 NH_4F 后的置换反应为：

$$AlY^- + 6F^- =\!=\!= AlF_6^{3-} + Y^{4-}$$

【仪器试剂】

1. 仪器

天平，剪刀，量筒，锥形瓶，容量瓶，移液管（25mL），酸式滴定管，表面皿，电热板，吸滤装置，蒸发皿，砂纸。

2. 试剂

铝片（易拉罐），NaOH 固体，HCl（1+1），H_2SO_4（6mol·L^{-1}），EDTA 标准溶液，锌标准溶液，二甲酚橙指示剂，六亚甲基四胺（20%），NH_4HCO_3（饱和），氨水（1+1），K_2SO_4 固体，pH 试纸（1~14）。

【实验步骤】

1. 由易拉罐制备 $NaAlO_2$ 溶液

(1) 前处理　用砂纸将废弃易拉罐表层的污染物清除、洗净、干燥，用剪刀剪成细屑。

(2) 用易拉罐制备 $NaAlO_2$ 溶液　将 2.0g NaOH 固体和 20mL 热水（60~80℃）置于 100mL 烧杯中，在通风橱内趁热分 2~3 次加入 1.0g 处理过的易拉罐细屑，盖上表面皿，微热至反应结束（细屑消失或不再上下浮动、表面无微小气泡生成），吸滤，滤液保留。

2. 制备明矾

(1) $Al(OH)_3$ 沉淀的生成与洗涤　将制得的 $NaAlO_2$ 溶液加热至沸腾，在不断搅拌下加入 NH_4HCO_3 饱和溶液，使溶液的 pH 降为 8~9，煮沸数分钟，静置冷却、吸滤、水洗沉淀 2~3 次，保留沉淀。

(2) 制备 $Al_2(SO_4)_3$ 溶液　将 $Al(OH)_3$ 沉淀转移至烧杯中，加入 50mL 蒸馏水，边搅拌边滴加 6mol·L^{-1} 硫酸溶液至 pH 降为 2~3。

(3) 制备明矾　将制备的 $Al_2(SO_4)_3$ 溶液转移至蒸发皿，加入适量研细的 K_2SO_4 固体，加热至完全溶解，水浴蒸发，浓缩至液面有晶膜出现，室温静置冷却，过滤，晶体干燥后称量，计算产率。

3. 净水实验

取池塘浑浊污水或室外雨后的积水，实验明矾不同投放量时的净水效果。

4. 明矾中铝含量的测定

准确称取1g左右的产品，溶解，用蒸馏水定容至250mL容量瓶中，摇匀。取三个洁净的锥形瓶，分别移取上述产品溶液25.00mL、0.02mol·L^{-1} EDTA溶液15.00mL，加2滴二甲酚橙指示剂，滴加（1+1）$NH_3·H_2O$调至溶液恰呈紫红色，然后滴加2滴（1+1）HCl。将溶液煮沸1min，冷却，加入20mL 2% 六亚甲基四胺溶液，此时溶液应呈黄色。如不呈黄色，可用HCl调节，再补加二甲酚橙指示剂1滴，用锌标准溶液滴定至溶液从黄色变为红紫色（此时，不计体积）。加入20% NH_4F溶液10mL，将溶液加热至微沸，流水冷却，再补加二甲酚橙指示剂1滴，此时溶液应呈黄色，若溶液呈红色，应滴加（1+3）HCl使溶液呈黄色，再用锌标准溶液滴定至溶液由黄色变为紫红色时，即为终点。根据消耗的锌盐溶液的体积，计算Al^{3+}的百分含量。

$$w_{Al}=(c_{Zn}\times V_{Zn})\times \frac{250}{25}\times \frac{M_{Al}}{m}\times 100\%$$

【思考题】

1. 调节溶液的pH为什么用稀酸、稀碱，而不用浓酸、浓碱？
2. 本实验能否采用H_2SO_4直接溶解铝片以制取$Al_2(SO_4)_3$？为什么？
3. 本实验中，几次加热的目的是什么？

实验 30　水中化学需氧量的测定

【实验目的】

1. 初步了解环境分析的重要性及水样的采集和保存方法。
2. 对水样化学耗氧量（COD）与水体污染的关系有所了解。
3. 掌握 $KMnO_4$ 法测定水样化学耗氧量（COD）的原理和方法。

【实验原理】

水的需氧量是衡量水质污染程度的主要指标之一。它分为生物需氧量（BOD）和化学耗氧量（COD）。BOD 是指水中有机质发生生物过程所需的氧的量，而 COD 是指水体中能被强氧化剂氧化的还原性物质所消耗的氧化剂的量（换算成氧的量，以 $mg·L^{-1}$ 计）。

测定 COD 有重铬酸钾法、酸性高锰酸钾法和碱性高锰酸钾法。本实验采用的是酸性高锰酸钾法。在 H_2SO_4 介质中，于水样中加入一定过量的 $KMnO_4$ 标准溶液，于水浴上加热，发生如下反应：

$$4KMnO_4^- + 5C + 12H^+ = 4Mn^{2+} + 5CO_2\uparrow + 6H_2O$$

再加入一定过量的 $Na_2C_2O_4$ 标准溶液，与剩余的 $KMnO_4$ 反应：

$$5C_2O_4^{2-} + 2KMnO_4^-（过量）+ 16H^+ = 2Mn^{2+} + 10CO_2\uparrow + 8H_2O$$

最后以 $KMnO_4$ 标准溶液返滴过量的 $Na_2C_2O_4$（反应同上），根据 $KMnO_4$ 标准溶液和 $Na_2C_2O_4$ 标准溶液的浓度和体积计算 COD 含量。计算公式为：

$$COD = \frac{\left[\frac{5}{4}(c_{KMnO_4} \times V_{KMnO_4}) - \frac{1}{2}(c_{Na_2C_2O_4} \times V_{Na_2C_2O_4})\right] \times M_{O_2} \times 1000}{V_{样品}} (mg·L^{-1})$$

【仪器试剂】

1. 仪器

同实验 29。

2. 试剂

$KMnO_4$ 溶液（约 $0.02mol·L^{-1}$）：称取约 1g $KMnO_4$ 于 300mL 烧杯中，加约 300mL 水溶解。盖皿，微沸 1h。取下冷却，用微孔漏斗（3 号或 4 号）过滤，滤液储存于棕色瓶中。

$KMnO_4$ 溶液（$0.002mol·L^{-1}$）：将 $0.02mol·L^{-1}$ $KMnO_4$ 溶液用新煮沸且冷却后的水稀释 10 倍即得。

基准 $Na_2C_2O_4$：105℃下，干燥 2h。

$Na_2C_2O_4$ 标准溶液（$0.005mol·L^{-1}$）：准确称取 0.17g 左右于 100~105℃ 干燥的 $Na_2C_2O_4$ 于烧杯中，加水溶解，定量转入 250mL 容量瓶中，定容，摇匀。

H_2SO_4 溶液（$6mol·L^{-1}$）。

【实验步骤】

1. $KMnO_4$（$0.02mol·L^{-1}$）溶液的标定

准确称取 0.2g 左右的基准 $Na_2C_2O_4$ 于 250mL 锥形瓶中，加约 100mL 水使其溶解，加入 10mL H_2SO_4 溶液，加热至 75~85℃。立即用 $KMnO_4$ 溶液滴定至呈微红色（30s 内不褪）即为终点。平行标定三次，计算 $KMnO_4$ 溶液的浓度。

2. 水样 COD 的测定

取水样 10~100mL（根据水样污染情况而定）于锥形瓶中，加 10mL $6mol·L^{-1}$ H_2SO_4 溶液，准确加入 10.00mL $0.002mol·L^{-1}$ $KMnO_4$ 标准溶液，立即加热至沸（若此时红色褪去，应补加适量 $KMnO_4$ 标准溶液至试样呈稳定的红色）。低温煮沸 10min（从冒第一个大气泡开始计时），取下，立即加入 10.00mL $0.005mol·L^{-1}$ $Na_2C_2O_4$ 标准溶液，摇匀（此时溶液由紫红色变为无色）。用 $0.002mol·L^{-1}$ $KMnO_4$ 标准溶液滴定至稳定的淡红色即为终点。平行测定三次，计算水样的 COD。

另取相同体积的蒸馏水代替水样按照相同的方法进行实验，测得空白值，计算结果时将空白值减去。

【注意事项】

1. 水样采集后应加入 H_2SO_4 使其 pH<2，以抑制微生物繁殖。
2. 当水样中的 Cl^- 含量高时，则应用 $K_2Cr_2O_7$ 法测定。
3. 实验完毕，要洗净滴定管。

【数据记录】

实验编号	1	2	3
$V_{水样}/g$			
$m_{Na_2C_2O_4}/g$			
V_{KMnO_4}/mL（标定 $KMnO_4$）			
V_{KMnO_4}/mL（测定样品）			
V_{KMnO_4}/mL（空白）			

【思考题】

1. 如何读取 $KMnO_4$ 体积？
2. 为什么不用 $Na_2C_2O_4$ 标准溶液直接滴定剩余的 $KMnO_4$，而是加入一定过量的 $Na_2C_2O_4$ 标准溶液，再以 $KMnO_4$ 标准溶液返滴过量的 $Na_2C_2O_4$？

实验 31　水中总余氯的测定

【实验目的】

1. 学习并掌握碘量法测定水中总余氯的方法和原理。
2. 了解水中余氯的存在形式及测定意义。

【实验原理】

氯族消毒剂作为水的消毒剂加入水中后，经水解生成游离性有效氯，与水作用一段时间后，会在水中残留一部分氯，称为余氯。余氯的作用是保证持续杀菌，也可防止水受到再污染。但如果余氯量超标，可能会加重水中酚和其他有机物作用产生的味和臭，还有可能生成氯仿等对人体有害的物质。测定水中余氯的含量对做好饮水消毒工作和保证水卫生学安全极为重要。

余氯的存在形式有游离性（$HOCl$、OCl^-）和化合性（NH_2Cl、$NHCl_2$、NCl_3 等）的。化合性的余氯是游离的余氯和铵及含氮化合物反应产生的。游离性氯与化合性氯二者同时存在于水中。总余氯包括游离性余氯和化合性余氯。

碘量法适用于所测定总余氯含量 $>1 mg \cdot L^{-1}$ 的水样。测定的原理如下：余氯在酸性溶液内与碘化钾作用，释放出定量的碘，再以硫代硫酸钠标准溶液滴定：

$$KI + CH_3COOH = CH_3COOK + HI$$
$$2HI + HOCl = I_2 + HCl + H_2O$$
$$I_2 + 2Na_2S_2O_3 = 2NaI + Na_2S_4O_6$$

化学计量关系为：$Cl_2 \sim OCl^- \sim I_2 \sim 2S_2O_3^{2-}$

计算公式为：

$$\rho_{Cl_2} = \frac{c_{Na_2S_2O_3} \times V_{Na_2S_2O_3} \times 35.46 \times 1000}{V_{样品}} \quad (mg \cdot L^{-1})$$

【仪器试剂】

1. 仪器

同实验 29。

2. 试剂

KIO_3 基准试剂。

$Na_2S_2O_3$ 标准溶液（$0.01 mol \cdot L^{-1}$）：称取 2.5g $Na_2S_2O_3 \cdot 5H_2O$ 于烧杯中，加 300~500mL 新煮沸的蒸馏水溶解。加入约 0.1g Na_2CO_3，用新煮沸的蒸馏水稀释至 1000mL，贮存于棕色试剂瓶中，暗处保存。

淀粉指示剂（$5g \cdot L^{-1}$）：将 5g 淀粉用少量水搅匀，加入 100mL 沸水，搅匀。若需放置可加入少量 HgI_2 或 H_3BO_3 作防腐剂。

KI 固体。

醋酸-醋酸钠缓冲溶液（pH=4）：称取 146g 无水醋酸钠溶于水中，加入

457mL 醋酸，用水稀释至 1L。

HCl 溶液（1+1）。

自来水试样。

【实验步骤】

1. $Na_2S_2O_3$ 标准溶液的标定

（1）KIO_3 标准溶液的配制　准确称取已烘干的 KIO_3 约 0.22g，置于小烧杯中，加少量水溶解，定量转移至 250mL 容量瓶中，定容。计算其浓度。

（2）$Na_2S_2O_3$ 溶液的标定　移取 10.00mL 上述 KIO_3 标准溶液，置于锥形瓶中，加入 1g KI，摇动溶解后加入（1+1）HCl 溶液 5mL，立即用 $Na_2S_2O_3$ 溶液滴定溶液由红棕色变为淡黄色，加入 2mL 淀粉溶液，继续滴定至蓝色刚好消失为终点。平行滴定三次，计算 $Na_2S_2O_3$ 溶液的浓度。

2. 余氯的测定

移取 25.00mL 自来水样品于碘量瓶中，加入 0.5g KI 和 5mL 醋酸-醋酸钠缓冲溶液，用 $Na_2S_2O_3$ 标准溶液滴定溶液至淡黄色，加入 1mL 淀粉指示剂，继续滴定至蓝色消失，记录消耗的 $Na_2S_2O_3$ 标准溶液的用量。平行滴定三次。

【注意事项】

1. 所用的 KI 中应不含游离 I_2 和 KIO_3。
2. 注意 $Na_2S_2O_3$ 标准溶液的配制和保存方法。

【数据记录】

实验编号	1	2	3
m_{KIO_3}/g			
$V_{S_2O_3^{2-}}$/mL（标定 $Na_2S_2O_3$）			
$V_{样品}$/mL			
$V_{S_2O_3^{2-}}$/mL（测定样品）			

【思考题】

本实验为什么要用醋酸-醋酸钠缓冲溶液控制弱酸性条件？

实验 32　工业苯酚纯度的测定

【实验目的】

1. 掌握 $KBrO_3$-KBr 标准溶液的配制方法。
2. 学习溴酸钾法测定苯酚的原理及方法。

【实验原理】

溴酸钾法测定苯酚是基于 $KBrO_3$ 与 KBr 在酸性介质中反应,定量生成 Br_2。然后,Br_2 与苯酚定量反应,生成三溴苯酚。剩余的 Br_2 用过量的 KI 还原而析出 I_2。析出的 I_2 再用 $Na_2S_2O_3$ 标准溶液滴定。反应方程式为:

$$BrO_3^- + 5Br^- + 6H^+ = 3Br_2 + 3H_2O$$

苯酚 + $3Br_2$ ⟶ 三溴苯酚 + $3HBr$

$$Br_2 + 2I^- = I_2 + 2Br^-$$

$$I_2 + 2S_2O_3^{2-} = 2I^- + S_4O_6^{2-}$$

化学计量关系为:$C_6H_5OH \sim BrO_3^- \sim 3Br_2 \sim 3I_2 \sim 6S_2O_3^{2-}$

计算公式为:

$$w_{苯酚} = \frac{[(c_{KBrO_3} \times V_{KBrO_3}) - \frac{1}{6} \times (c_{S_2O_3^{2-}} \times V_{S_2O_3^{2-}})] \times M_{苯酚}}{1000 \times m_{样品}} \times 100\%$$

【仪器试剂】

1. 仪器

同实验 29。

2. 试剂

$KBrO_3$-KBr 标准溶液（$c_{KBrO_3} = 0.02000\,mol·L^{-1}$）:准确称取 0.8350g $KBrO_3$ 于 100mL 烧杯中,加入 4g KBr,用水溶解后,定量转入 250mL 容量瓶中,定容,摇匀。

$Na_2S_2O_3$ 标准溶液（$0.01\,mol·L^{-1}$）:称取 2.5g $Na_2S_2O_3·5H_2O$ 于烧杯中,加 300~500mL 新煮沸的蒸馏水溶解。加入约 0.1g Na_2CO_3,用新煮沸的蒸馏水稀释至 1000mL,贮存于棕色试剂瓶中。暗处保存。

淀粉指示剂（$5g·L^{-1}$）:将 5g 淀粉用少量水搅匀,加入 100mL 沸水,搅匀。若需放置,可加入少量 HgI_2 或 H_3BO_3 作防腐剂。

KI 溶液（$100g·L^{-1}$）。

HCl 溶液（$1+1$）。

NaOH 溶液（100g·L^{-1}）。

苯酚试样。

【实验步骤】

1. Na$_2$S$_2$O$_3$ 溶液的标定

移取 25.00mL KBrO$_3$-KBr 标准溶液于 250mL 碘量瓶中，加入 25mL 水、10mL HCl 溶液，摇匀，盖上盖子，放置 5～8min。然后加入 KI 溶液 20mL，摇匀，再放置 5～8min，用 Na$_2$S$_2$O$_3$ 溶液滴定至溶液变为淡黄色，加 2mL 淀粉指示剂，继续滴定至溶液由蓝色变为无色即为终点。平行标定三次。Na$_2$S$_2$O$_3$ 标准溶液浓度的计算公式为：

$$c_{S_2O_3^{2-}} = \frac{6 \times c_{KBrO_3} \times V_{KBrO_3}}{V_{S_2O_3^{2-}}}$$

2. 苯酚试样的测定

准确称取试样 0.2～0.3g 于烧杯中，加入 5mL NaOH 溶液，用少量水溶解后，定量转入 250mL 容量瓶中，定容，摇匀。移取 10.00mL 上述试液于碘量瓶中，准确加入 25.00mL KBrO$_3$-KBr 标准溶液，再加入 10mL HCl 溶液，充分摇动 2min，使三溴苯酚分散后，盖上盖子，放置 5min。加入 20mL KI 溶液，放置 5～8min。用 Na$_2$S$_2$O$_3$ 溶液滴定至溶液变为淡黄色，再加 2mL 淀粉指示剂，继续滴定至溶液由蓝色变为无色即为终点。平行测定三次，计算苯酚含量。

【注意事项】

1. 为了与测定苯酚的条件一致，本实验采用 KBrO$_3$-KBr 法标定 Na$_2$S$_2$O$_3$ 溶液，其标定过程与测定过程一致，以减少由于 Br$_2$ 的挥发损失等因素引起的误差。

2. 苯酚试样加入 KBrO$_3$-KBr 溶液后，要用力摇动，以防止三溴苯酚沉淀吸附 I$_2$ 及 Br$_2$，影响反应速率及终点观察。

【数据记录】

实验编号	1	2	3
$m_{苯酚}$/g			
$V_{S_2O_3^{2-}}$/mL（标定 Na$_2$S$_2$O$_3$）			
$V_{S_2O_3^{2-}}$/mL（测定样品）			

【思考题】

1. 配制 KBrO$_3$-KBr 标准溶液时，KBr 的加入量如何控制？

2. 能否用 Na$_2$S$_2$O$_3$ 标准溶液直接滴定剩余的 Br$_2$？为什么？

实验 33　果蔬中抗坏血酸含量的测定

【实验目的】

1. 掌握碘标准溶液的配制和标定方法。
2. 了解直接碘量法测定维生素 C 的原理及方法。

【实验原理】

抗坏血酸又称维生素 C（V_C），化学式为 $C_6H_8O_6$，分子量为 176.12。由于其分子中的烯二醇基具有还原性，能被 I_2 定量氧化为二酮基：

$$C_6H_8O_6 + I_2 \Longrightarrow C_6H_6O_6 + 2HI$$

因而，可以用直接碘量法测定水果中维生素 C 的含量。由于抗坏血酸的强还原性，使得该物质很容易被空气中的氧气氧化，且在碱性或强酸性介质中被氧化的速率更快，因而测定须在弱酸性溶液中进行。一般控制溶液的 pH 为 3~4。

【仪器试剂】

1. 仪器

同实验 29。

2. 试剂

I_2 溶液（$0.05\ mol \cdot L^{-1}$）：称取 33g I_2 和 5g KI 于研钵中，加少量水研磨（在通风橱中进行），待 I_2 全部溶解后，将溶液转入棕色试剂瓶中，稀释至 250mL，充分摇匀。置暗处保存。

I_2 溶液（$0.005\ mol \cdot L^{-1}$）：将 $0.05\ mol \cdot L^{-1}$ I_2 溶液稀释 10 倍即得。

$Na_2S_2O_3$ 标准溶液（$0.01\ mol \cdot L^{-1}$）：称取 2.5g $Na_2S_2O_3 \cdot 5H_2O$ 于烧杯中，加 300~500mL 新煮沸的蒸馏水溶解。加入约 0.1g Na_2CO_3，用新煮沸的蒸馏水稀释至 1L，贮存于棕色试剂瓶中。于暗处放置。

淀粉指示剂（$5g \cdot L^{-1}$），HAc 溶液（$2mol \cdot L^{-1}$），HCl 溶液（1+1）KIO_3 基准物质，KI 固体。

样品：取果蔬（橙、橘、番茄等）可食部分捣碎为果浆，置于具塞试剂瓶中。

【实验步骤】

1. $Na_2S_2O_3$ 标准溶液标定

（1）KIO_3 标准溶液的配制　准确称取已烘干的 KIO_3 约 0.22g，置于小烧杯中，加少量水溶解，定量转移至 250mL 容量瓶中，定容。计算其浓度。

（2）$Na_2S_2O_3$ 溶液的标定　移取 10.00mL 上述 KIO_3 标准溶液，置于碘量瓶中，加入 1g KI，摇动溶解后加入（1+1）HCl 溶液 5mL，立即用 $Na_2S_2O_3$ 溶液滴定溶液由红棕色变为淡黄色，加入 2mL 淀粉溶液，继续滴定至蓝色刚好消失为终点。平行滴定三次，计算 $Na_2S_2O_3$ 溶液的浓度。

2. I_2 标准溶液的标定

将 I_2 溶液和 $Na_2S_2O_3$ 溶液分别装入酸式滴定管和碱式滴定管中，从酸管中放出 20.00mL 0.005mol·L^{-1} I_2 溶液于锥形瓶中，加水至 100mL，用 $Na_2S_2O_3$ 溶液滴定至浅黄色，加入 2mL 淀粉溶液，继续滴定至蓝色刚好消失。平行滴定三次，计算 I_2 溶液的浓度。

3. 果蔬中维生素 C 含量的测定

用 100mL 洁净、干燥的烧杯准确称取 50g 左右捣碎了的果蔬试样（或用搅碎机打成糊状），将其转入锥形瓶中，用蒸馏水冲洗烧杯 1~2 次，加入 10mL 2mol·L^{-1} HAc 溶液和 3mL 淀粉指示剂，立即用 I_2 标准溶液滴定至稳定的蓝色即为终点。计算果浆中维生素 C 的含量。

【注意事项】

1. I_2 标准溶液也可用 As_2O_3 作基准物进行标定，As_2O_3 为剧毒物品，应严格管理，注意安全。

2. 维生素 C 还原性很强，在空气中，特别是在碱性介质中极易被氧化，故测定时加入 HAc 使溶液呈弱酸性，以减少维生素 C 的副反应。

【数据记录】

实验编号	1	2	3
m_{KIO_3}/g			
$V_{S_2O_3^{2-}}$/mL（标定 $Na_2S_2O_3$）			
$V_{S_2O_3^{2-}}$/mL（标定 I_2）			
$m_{样品}$/g			
V_{I_2}/mL（测定样品）			

【思考题】

1. 测定维生素 C 药片中的抗坏血酸时，溶解样品要用新煮沸并冷却的蒸馏水，为什么？

2. 应采取哪些措施减小误差？

实验 34 　氯化物中氯含量的测定——佛尔哈德法

【实验目的】

1. 学习 NH_4SCN 标准溶液的配制与标定方法。
2. 掌握佛尔哈德返滴定法测定氯离子的原理和实验操作。

【实验原理】

佛尔哈德返滴定法测定氯离子的原理是在强酸性溶液中，加入过量的 $AgNO_3$ 标准溶液，待氯离子定量生成 AgCl 沉淀后，以硫酸铁铵（铁铵矾）为指示剂，用 NH_4SCN 标准溶液滴定剩余的 $AgNO_3$，终点时出现 $[Fe(SCN)]^{2+}$ 的血红色。反应如下：

$$Ag^+ + Cl^- \Longrightarrow AgCl\downarrow（白色）(K_{sp}=1.8\times10^{-10})$$
$$Ag^+ + SCN^- \Longrightarrow AgSCN\downarrow（白色）(K_{sp}=1.0\times10^{-12})$$
$$Fe^{3+} + SCN^- \Longrightarrow [Fe(SCN)]^{2+}（红色）(K_1=138)$$

反应必须在酸性条件下进行，否则 Fe^{3+} 会发生水解。指示剂的用量要适当，一般控制在 $0.015 mol\cdot L^{-1}$ 为宜。由于 AgCl 和 AgSCN 均能吸附 Ag^+，因而滴定时要剧烈摇动。另外，AgCl 会部分转化成 AgSCN 沉淀，导致终点拖后，因而要将 AgCl 过滤除去或加入硝基苯或石油醚等有机物，使 AgCl 与溶液隔离。本实验采取的措施是加入硝基苯。

凡能与 SCN^- 生成沉淀或配合物，或能够氧化 SCN^- 的物质均干扰测定，而 PO_4^{3-}、AsO_4^{3-}、CrO_4^{2-} 等离子在强酸性条件下对测定无影响。计算公式为：

$$w_{Cl}=\frac{(c_{AgNO_3}\times V_{AgNO_3}-c_{NH_4SCN}\times V_{NH_4SCN})\times 35.45}{\frac{25.00}{250.0}\times 1000\times m_{样品}}\times 100\%$$

【仪器试剂】

1. 仪器

同实验 29。

2. 试剂

NaCl 基准试剂，$AgNO_3$（固体），硫酸铁铵水溶液（40%），NH_4SCN（固体），NaCl（或其他氯化物）试样，HNO_3 溶液（$6mol\cdot L^{-1}$）。

【实验步骤】

1. $AgNO_3$ 溶液的配制与标定

（1）配制　称取 4.3g $AgNO_3$ 溶解于 500mL 不含 Cl^- 的蒸馏水中，贮存于棕色试剂瓶中，暗处保存。

（2）标定　准确称取 0.3g 左右的 NaCl 基准物于小烧杯中，用少量水溶解，定量转移至 100mL 容量瓶中，定容后摇匀。取该标准溶液 25.00mL 于锥形瓶中，加入 25mL 水和 1mL K_2CrO_4 水溶液，在不断摇动下，用待标定的 $AgNO_3$ 溶液滴定至出现砖红色即为终点。平行滴定三份，计算 $AgNO_3$ 标准溶液的浓度。

2. NH_4SCN 标准溶液的配制与标定

称取约 2.0g 的 NH_4SCN，加水溶解，稀释至 400mL。从滴定管中放出 15.00mL $AgNO_3$ 标准溶液于锥形瓶中，加 50mL 水、5mL HNO_3 溶液及 1mL 铁铵矾溶液，用 NH_4SCN 溶液滴定至溶液出现淡红色为终点。计算 NH_4SCN 溶液的浓度。

3. 样品的测定

准确称取 4g 左右的 NaCl 试样于烧杯中，加水溶解，定量转移至 250mL 容量瓶中，定容后摇匀。移取 25.00mL 该试液于锥形瓶中，加入 5mL HNO_3 溶液，在不断摇动下，从滴定管中逐滴滴入约 35mL（准确）$AgNO_3$ 标准溶液，再加 4mL 铁铵矾溶液，在用力摇动下，用 NH_4SCN 标准溶液滴定至溶液出现红棕色为终点。平行滴定三份。

【注意事项】

1. 银盐属于贵金属盐，故含有银盐的废液应回收到专用的容器内。
2. 盛装 $AgNO_3$ 的滴定管在实验完毕，应立即用蒸馏水冲洗 2~3 次，再用自来水洗净，以免 AgCl 残留管内。

【数据记录】

实验编号	1	2	3
m_{NaCl}/g			
V_{AgNO_3}/mL（标定时消耗）			
V_{NH_4SCN}/mL（标定时消耗）			
$m_{样品}/g$			
V_{AgNO_3}/mL（加入的总量）			
V_{NH_4SCN}/mL（返滴定消耗）			

【思考题】

1. 如果不加硝基苯或石油醚，分析结果会偏高还是偏低？如果测定的是 I^-，是否还需要加硝基苯？为什么？
2. 本实验用硝酸酸化，能否用盐酸或硫酸？
3. 为什么近终点要剧烈摇动？

实验 35　肥料中钾含量的测定

【实验目的】

1. 学习肥料试样的处理方法。
2. 掌握四苯硼酸钠重量法测定钾的原理和实验操作。

【实验原理】

肥料经处理后，其中的钾以 K^+ 的形式存在于溶液中。加入四苯硼酸钠后，K^+ 与其反应生成四苯硼酸钾沉淀：

$$Na[B(C_6H_5)_4] + K^+ \Longrightarrow K[B(C_6H_5)_4]\downarrow + Na^+$$

沉淀经过滤、洗涤、烘干等一系列处理后，称重，即可换算成 K_2O 的质量。NH_4^+ 也会与四苯硼酸钠反应生成沉淀，其干扰可通过加入甲醛而消除。金属离子的干扰也用 EDTA 掩蔽。沉淀反应需在碱性介质中进行。

【仪器试剂】

1. 仪器

容量瓶（100mL），G_4 坩埚。

2. 试剂

EDTA 溶液（$0.1\text{mol}\cdot L^{-1}$）。

甲醛溶液（$250\text{g}\cdot L^{-1}$），酚酞指示剂（$10\text{g}\cdot L^{-1}$），NaOH 溶液（$20\text{g}\cdot L^{-1}$），HNO_3 溶液（$1\text{mol}\cdot L^{-1}$），HCl 溶液（$2\text{mol}\cdot L^{-1}$），浓 HCl，无机钾肥，四苯硼酸钾饱和溶液。

四苯硼酸钠溶液（$0.1\text{mol}\cdot L^{-1}$）：称取四苯硼酸钠 3.3g 溶于 100mL 水中，加入 $Al(OH)_3$ 1g，搅匀，放置过夜，反复过滤至清亮为止。

【实验步骤】

1. 试样溶液的制备

准确称取 0.5g 无机肥料于烧杯中，加 20～30mL 蒸馏水、5～6 滴浓 HCl 溶液，盖上表面皿，低温煮沸 10min，冷却后过滤。滤液收集于 100mL 容量瓶中，用热蒸馏水洗涤烧杯内壁 5～6 次，滤液合并于容量瓶中，用蒸馏水稀释至刻度，摇匀。

2. 测定

准确移取 10～25mL 试样溶液（视含钾量而定）于烧杯中，加入 5mL 甲醛溶液和 10mL EDTA 溶液。搅匀后加入 2 滴酚酞指示剂，用 NaOH 溶液滴定至溶液呈淡红色。加热至 40℃，逐滴加入 5mL 四苯硼酸钠溶液，搅拌 2～3min，静置 30min。用已恒重的 G_4 玻璃坩埚抽滤，再用四苯硼酸钾饱和溶液洗涤 2～3 次，最后用蒸馏水洗涤 3～4 次（每次约 5mL），抽滤至干。将坩埚置于烘箱中在 120℃下干燥 1h，再置于干燥器中冷却至室温，称量，直至恒重。计算肥料中 K_2O 的质量分数。

【注意事项】

1. 用浓 HCl 溶液处理样品时，要低温加热，防止飞溅。
2. 用四苯硼酸钾饱和溶液洗涤沉淀后，一定要用蒸馏水洗涤，以免结果偏高。

【数据记录】

实验编号	1	2
$m_{样品}/g$		
$m_{空坩埚}/g$		
$m_{坩埚+沉淀}/g$		

【思考题】

1. 加四苯硼酸钠之前为什么要加入 NaOH 溶液？
2. 测定过程中为什么要加甲醛和 EDTA？
3. 为什么要用四苯硼酸钾饱和溶液洗涤沉淀？

实验 36　分光光度法测定废水中总磷的含量

【实验目的】
1. 学习用过硫酸钾消解水样的方法。
2. 学习分光光度法测定废水中总磷的方法和原理。

【实验原理】
水中磷的测定，通常按其存在的形式分别为测定总磷、测定溶解性正磷酸盐和测定可溶解性总磷酸盐。在中性条件下，用氧化剂过硫酸钾、硝酸-高氯酸或硝酸-硫酸等使试样消解，将所含磷全部转化为正磷酸盐，此时测得的结果即为总磷含量。

在酸性介质中，正磷酸盐与钼酸铵反应，在酒石酸锑氧钾存在下生成磷钼杂多酸。

主要反应方程式为：
$$5S_2O_8^{2-} + 8H_2O + 2P =\!=\!= 10SO_4^{2-} + 2PO_4^{3-} + 16H^+$$
$$PO_4^{3-} + 12MoO_4^{2-} + 24H^+ + 3NH_4^+ =\!=\!= (NH_4)_3PO_4 \cdot 12MnO_3 + 12H_2O$$

生成的磷钼杂多酸立即被抗坏血酸还原，生成蓝色的磷钼蓝，其最大吸收波长为 700nm。吸光度与磷钼蓝的浓度成正比，即与磷的含量成正比。

【仪器试剂】
1. 仪器
分光光度计，容量瓶或比色管（50mL）。

2. 试剂
$K_2S_2O_8$ 溶液（50g·L^{-1}），H_2SO_4 溶液（3+7、1+1、1mol·L^{-1}），NaOH 溶液（1mol·L^{-1}、6mol·L^{-1}），酚酞指示剂（10g·L^{-1}乙醇溶液），抗坏血酸溶液（100g·L^{-1}）。

钼酸盐溶液：溶解 13g 钼酸铵 [$(NH_4)_6Mo_7O_{24} \cdot 4H_2O$] 于 100mL 水中；溶解酒石酸锑钾 [$KSbC_4H_4O_7 \cdot 1/2H_2O$] 于 100mL 水中。在不断搅拌下，将钼酸铵溶液慢慢加到 300mL（1+1）H_2SO_4 中，再加入酒石酸锑钾溶液，混匀。贮于棕色瓶中，低温保存。

磷标准贮备液（50μg·mL^{-1}）：称取 0.2197g 已干燥 2h 并在干燥器中冷却的磷酸二氢钾，溶解后转入 1000mL 容量瓶中，加约 800mL 水，再加 5mL（1+1）H_2SO_4，定容，混匀。

磷标准工作液（2.0μg·mL^{-1}）：将上述磷标准贮备液稀释 25 倍即得。

水样。

【实验步骤】
1. 水样的采集与保存

采集水样后，如果测定总磷，需加硫酸酸化至 pH≤1 条件下保存；如测定溶解性正磷酸盐，无须加保存剂，于 2~5℃ 下保存，24h 内测定。

2. 水样预处理

吸取适量水样（含磷不超过 30μg）于锥形瓶中，稀释至约 50mL，加数粒玻璃珠，加 1mL（3+7）H_2SO_4 溶液、5mL 过硫酸钾。加热至沸，保持微沸 30~40min，至体积约 10mL 为止。冷却，加 1 滴酚酞指示剂，边摇边滴加 NaOH 溶液至刚呈微红色，再滴加 $1mol·L^{-1}$ H_2SO_4 溶液，使红色刚褪去。若溶液不澄清，需要过滤于 50mL 容量瓶中，洗液并入其中。定容，摇匀。

3. 测定

取 8 支比色管，分别加入磷标准工作液 0mL、0.50mL、1.00mL、2.00mL、4.00mL、6.00mL、10.0mL、15.0mL，加水至 50mL。

（1）显色　向比色管中加 1mL 抗坏血酸溶液，混匀。30s 后，加 2mL 钼酸盐溶液，充分混匀。放置 15min。

（2）测量　用 1cm 比色皿于 700nm 处，以试剂空白为参比，测定吸光度。绘制标准曲线。

（3）试样测定　将处理好的水样按标准曲线制作步骤进行显色和测定。从标准曲线上查出磷的含量，计算结果。

【注意事项】

1. 正确使用比色皿（拿取、洗涤、装液、清洁、放入），注意保护，防止摔碎！
2. 使用完毕要清理好仪器（比色皿、仪器内外），复原。

【数据记录】

标准溶液体积/mL	0	0.5	1.00	2.00	4.00	6.00	10.0	15.0	试样溶液
吸光度									

【思考题】

1. 加入酚酞的作用是什么？
2. 为什么取的试样溶液应使含磷量不超过 30μg？

实验 37　Al³⁺-CAS 二元配合物与 Al³⁺-CAS-CTMAB 三元配合物的光吸收性质的比较

【实验目的】

1. 了解并比较二元配合物与三元配合物光吸收的性质。
2. 了解三元配合物在光度分析中的应用及其优点。

【实验原理】

铬天青 S（CAS）可以与 Al^{3+} 发生配位反应，生成红色二元配合物，因此可用于光度法测定铝。该方法的灵敏度高，重现性好，但选择性较差。

CAS 是一种酸性染料，易溶于水，在水中的存在形式与 pH 有关，并呈不同的颜色：

$$H_5CAS^+, H_4CAS \xrightarrow{pK_{a2}=-1.2} \underset{\text{橙色}}{H_3CAS^-} \xrightarrow{pK_{a3}=2.25}$$

$$\underset{\text{红色}}{H_2CAS^{2-}} \xrightarrow{pK_{a4}=4.88} \underset{\text{黄色}}{HCAS^{3-}} \xrightarrow{pK_{a5}=11.75} \underset{\text{紫色}}{CAS^{4-}}$$

在酸性溶液中，Al^{3+} 与 CAS 生成红色的二元配合物，其组成与显色剂的浓度和溶液的酸度有关。CAS 可与许多金属离子生成蓝色、紫红色或红色的配合物，如 Fe^{3+}、Ti^{4+}、Cu^{2+}、Cr^{3+} 等离子，测定时可用铜铁试剂沉淀分离，也可用抗坏血酸、盐酸羟胺等掩蔽铁，钛可用甘露醇掩蔽，铜可用硫脲掩蔽。

三元配合物与二元配合物相比，其分析特性更加优越，如灵敏度高、选择性好、水溶性好以及可萃取性强等，因此在元素的定量分析中应用较为广泛。Al^{3+} 与 CAS 的二元配合物在加入表面活性剂以后，形成三元配合物，此时配合物的最大吸收波长一般是向长波方向移动，溶液的颜色也随之变深，从而提高了测定的灵敏度。三元配合物的摩尔吸光系数与溶液的酸度、缓冲剂的性质、表面活性剂的浓度等因素有关，一般可达 10^5。

本实验通过测定铝的二元配合物和三元配合物的吸收曲线和工作曲线，得出其二元和三元配合物的最大吸收波长红移的波长值和摩尔吸光系数，以比较其二元和三元配合物光吸收性质的变化。

测定铝的显色剂除了 CAS 外，还有铬天青 R、氯代磺酚 S 等。

【仪器试剂】

1. 仪器

分光光度计，容量瓶或比色管（50mL）。

2. 试剂

铝标准贮备溶液（10μg·L⁻¹）：准确称取 $KAl(SO_4)_2·12H_2O$ 0.1760g 于烧杯

中，加入 2mL 6mol·L^{-1} HCl，溶解后，定量转入 1000mL 容量瓶中，定容，摇匀。

铝标准工作液（0.2μg·L^{-1}）：将上述铝标准溶液稀释 50 倍即得。

CAS 溶液（1.0×10^{-4} mol·L^{-1}）：称取 0.06g CAS 的三钠盐，溶于 1L 水中。

溴化十六烷基三甲铵（CTMAB）溶液（1.0×10^{-3} mol·L^{-1}）：称取 1.8g CTMAB，溶于 1L 水中。

HAc-NH$_4$Ac 缓冲溶液：取冰醋酸 28mL，用水稀释至 500mL，然后用浓氨水中和至 pH 约为 6.3。

HCl 溶液（0.5mol·L^{-1}）。

【实验步骤】

1. Al-CAS 二元配合物吸收曲线和工作曲线的绘制

（1）溶液的配制　取容量瓶 5 支，分别加入 0mL、4.00mL、6.00mL、8.00mL 和 10.0mL 铝标准工作液，各加水 10mL，加 2 滴盐酸、10mL CAS 溶液以及 5mL HAc-NH$_4$Ac 缓冲溶液，用水稀释至刻度，摇匀。

（2）吸收曲线的绘制　以试剂空白为参比，在 500～620nm 范围内，每隔 10nm 测定一次（1）中最大浓度溶液的吸光度。以吸光度为纵坐标，波长为横坐标，绘制吸收曲线，确定最大吸收波长。

（3）工作曲线的绘制　在最大吸收波长处，以试剂空白为参比，分别测定（1）中各溶液的吸光度，以吸光度为纵坐标，铝离子浓度为横坐标绘制二元配合物的工作曲线。

2. Al-CAS-CTMAB 三元配合物吸收曲线和工作曲线的绘制

（1）溶液的配制　与上述二元配合物溶液的配制方法相同，只是在各容量瓶中另外加入 CTMAB 溶液 10mL。

（2）吸收曲线的绘制　与二元配合物的吸收曲线测定方法相同，只是将波长范围调整为 500～660nm。

（3）工作曲线的绘制　与二元配合物的工作曲线绘制方法相同，但测定波长应选择三元配合物的最大吸收波长。

3. 波长红移值的确定

根据二元配合物和三元配合物的吸收曲线确定配合物最大吸收波长的红移值。

4. 摩尔吸光系数的计算

根据浓度和吸光度值分别计算二元和三元配合物的摩尔吸光系数。

【注意事项】

1. 在最大吸收波长位置附近，波长的间隔可以小一点，这样测得的最大吸收波长较为准确。

2. 注意比色皿的使用原则。

【数据记录】

波长 /nm	二元配合物吸光度	三元配合物吸光度	Al^{3+}的加入量/mL	二元配合物吸光度	三元配合物吸光度
500			0		
510			4.0		
520			6.0		
530			8.0		
540			10.0		
550					
560					
570					
580					
590					
600					
610					
620					
630					
640					
650					
660					

【思考题】

1. 三元配合物的最大吸收波长为什么会红移？
2. 测定吸收曲线时，用不同浓度的溶液测得的最大吸收波长相同吗？为什么？

实验 38　废水中六价铬含量的测定

【实验目的】

1. 学习用二苯碳酰二肼光度法测定水中六价铬的原理和方法。
2. 了解不同形态分析法的意义。

【实验原理】

铬在水中以三价和六价两种形式存在。电镀、制革、制铬酸盐或铬酐等工业废水均可使水中含有一定量的铬,从而对水环境造成污染。六价铬有致癌的危害,环境质量标准(GB 3838—2002)中规定地面水六价铬的最高允许浓度为 $0.1\text{mg}\cdot\text{L}^{-1}$;GB 5749—2007《生活饮用水卫生标准》中规定生活饮用水中六价铬的含量不得超过 $0.01\text{mg}\cdot\text{L}^{-1}$。因此,测定水中六价铬的含量意义重大。

在酸性条件下,二苯碳酰二肼(DPCI)可与六价铬作用生成紫红色化合物,其最大吸收波长为540nm,摩尔吸光系数达 10^4,据此可进行六价铬的定量分析。

汞离子与DPCI可形成蓝色或蓝紫色化合物,但在所控制的酸度下,反应不够灵敏;铁的浓度大于 $1\text{mg}\cdot\text{L}^{-1}$ 时,将与试剂作用生成黄色化合物而引起干扰,可加入 H_3PO_4 与 Fe^{3+} 反应生成无色的配合物而消除干扰;钒(Ⅴ)的干扰与铁相似,与试剂形成棕黄色化合物,但该化合物很不稳定,20min内就会褪色;少量的 Cu^{2+}、Ag^+、Au^{3+} 等在一定程度上有干扰;钼与试剂反应生成紫红色配合物,但灵敏度较低,当钼的含量低于 $0.2\text{mg}\cdot\text{L}^{-1}$ 时不干扰测定。

【仪器试剂】

1. 仪器

分光光度计,容量瓶或比色管(50mL)。

2. 试剂

铬标准贮备溶液($0.05000\text{mg}\cdot\text{mL}^{-1}$):称取0.1450g基准物 $K_2Cr_2O_7$ 于烧杯中,加水溶解,定量转入1000mL容量瓶中,定容,摇匀。

铬标准工作液($10\mu\text{g}\cdot\text{mL}^{-1}$):将上述铬标准贮备溶液稀释5倍即得。

DPCI溶液($2\text{g}\cdot\text{L}^{-1}$):称取0.1g DPCI溶于25mL丙酮(或乙醇)中,用水稀释至50mL,摇匀。贮存于棕色瓶中,并低温保存(颜色变深后则不能使用)。

H_2SO_4 溶液(1+1)。

【实验步骤】

1. 标准曲线的绘制

用吸量管分别移取 0.00mL、1.00mL、2.00mL、4.00mL、6.00mL、8.00mL 和 10.00mL $10\mu\text{g}\cdot\text{mL}^{-1}$ 的铬标准工作液,分别置于7个50mL容量瓶中,各加0.6mL(1+1) H_2SO_4 溶液,摇匀。再加2mL DPCI溶液,摇匀后静置5min。用1cm比色皿,以试剂空白为参比,在540nm处测定各溶液的吸光度。绘

制工作曲线。

2. 水样中铬的测定

取适量水样于50mL容量瓶中,按绘制标准曲线相同的方法配制溶液,测吸光度。从曲线上查出水样中铬的含量。

【注意事项】

1. DPCI溶液易被氧化,应贮存在棕色试剂瓶中冷藏保存,如溶液颜色变深,不宜使用。最好现用现配。

2. 该实验所用仪器不得用铬酸洗液洗涤。

3. 如水样浑浊,需预先用G_4玻璃漏斗过滤。

4. 由于铬离子易被容器表面吸附,且能被各种试剂还原,因而必须注意水样的采集和保存。在采集水样时,可用聚乙烯瓶。水样应在采集的当天进行测定。

【数据记录】

$V_{Cr^{6+}}$/mL	0	1.00	2.00	4.00	6.00	8.00	10.00	未知液
吸光度								

【思考题】

如果要测定水中总铬的含量,该如何处理水样?

实验 39　配合物的组成及稳定常数的测定

【实验目的】

1. 掌握摩尔比法和等摩尔连续变化法测定配合物组成的原理和方法。
2. 学习利用分光光度法的实验数据计算配合物稳定常数的方法。

【实验原理】

如果金属离子 M 和配位体 R 可反应生成有色配合物 MR_n：

$$M + nR \Longleftrightarrow MR_n$$

则可用分光光度法按摩尔比法或等摩尔连续变化法测定配合比 n 及配合物的稳定常数。

1. 摩尔比法

固定金属离子的浓度 c_M 不变，逐步改变显色剂 R 的浓度 c_R，可得到一系列 c_R/c_M 值不同的溶液，在适当波长下（M 和 R 在该波长下均不吸收），分别测定各溶液的吸光度，然后以吸光度 A 对 c_R/c_M 值作图（见图 4.1）。

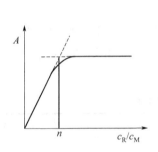　　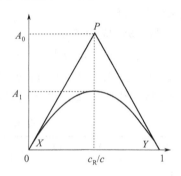

图 4.1　摩尔比法　　　　　图 4.2　等摩尔连续变化法

当显色剂 R 的量不足以使 M 定量转化为 MR_n 时，曲线为一斜线；当加入的 R 的量足够多，使 M 定量转化为 MR_n 时，曲线便出现转折点，此时用外推法得到两直线的交点，此交点对应的 c_R/c_M 值即为配合物的配合比 n。该方法适合于稳定性较高的配合物组成的测定。

2. 等摩尔连续变化法

保持溶液中 $c_M + c_R = c$ 值不变（定值）的前提下，改变 c_M 和 c_R 的相对量，配制一系列溶液，在 MR_n 的最大吸收波长处测定各溶液的吸光度 A。当 A 达到最大时，即 MR_n 的浓度达到最大，此时该溶液中 c_R/c_M 比值即为配合物的配合比。以吸光度 A 对 c_R/c 的比值作图（见图 4.2），由两曲线外推的交点所对应的 c_R/c_M 的比值即为化合物中 R 与 M 之比 n。该方法适合配合比较低的配合物组成的测定。为了实验方便，所配制的 M 和 R 两种溶液浓度相同，在维持溶液总体积不变的条件下，按不同体积比配成一系列 M 和 R 的混合溶液，其体积比就是摩尔分数之比。

本实验是在 pH 为 2～2.5 的介质中，测定 Fe^{3+} 与磺基水杨酸所形成的配合物的组成及稳定常数。该配合物的最大吸收波长为 500nm。

【仪器试剂】

1. 仪器

分光光度计，容量瓶或比色管（50mL）。

2. 试剂

铁标准溶液（1.000×10^{-2} mol·L^{-1}）：准确称取 0.4822g 分析纯 $NH_4Fe(SO_4)_2·12H_2O$，置于小烧杯中，用 $HClO_4$ 溶液溶解，转移至 100mL 容量瓶中，用 $HClO_4$ 溶液定容，摇匀。

磺基水杨酸溶液（1.000×10^{-2} mol·L^{-1}）：准确称取 0.2542g 磺基水杨酸 $[C_6H_3(OH)(COOH)SO_3H·2H_2O]$，置于小烧杯中，用 $HClO_4$ 溶液溶解，转移至 100mL 容量瓶中，用 $HClO_4$ 溶液定容，摇匀。

$HClO_4$ 溶液（0.025mol·L^{-1}）：移取 2.2mL 70% $HClO_4$，稀释至 1000mL。

【实验步骤】

1. 配合物组成的测定

（1）摩尔比法　取 9 只 50mL 容量瓶，按照表 4.2 配制溶液，用蒸馏水稀释至刻度，以水为参比，在 500nm 处测定各溶液的吸光度，并以 A 对 c_R/c_M 值作图，将两直线部分延长相交，由交点确定 n。

表 4.2　摩尔比法溶液的配制

编号	V_{HClO_4}/mL	$V_{Fe^{3+}}$/mL	$V_{磺基水杨酸}$/mL	A
1	7.50	2.00	0.50	
2	7.00	2.00	1.00	
3	6.50	2.00	1.50	
4	6.00	2.00	2.00	
5	5.50	2.00	2.50	
6	5.00	2.00	3.00	
7	4.50	2.00	3.50	
8	4.00	2.00	4.00	
9	3.50	2.00	4.50	

（2）等摩尔连续变化法　取 7 只 50mL 容量瓶，按照表 4.3 配制溶液，用蒸馏水稀释至刻度，以水为参比，在 500nm 处测定各溶液的吸光度，并以 A 对 c_R/c_M 值作图，将两直线部分延长相交，由交点确定 n。

表 4.3 等摩尔连续变化法溶液的配制

编号	V_{HClO_4}/mL	$V_{Fe^{3+}}$/mL	$V_{磺基水杨酸}$/mL	A
1	5.00	5.00	0	
2	5.00	4.50	0.50	
3	5.00	3.50	1.50	
4	5.00	2.50	2.50	
5	5.00	1.50	3.50	
6	5.00	0.50	4.50	
7	5.00	0	5.00	

2. 配合物稳定常数的计算

根据图 4.2 中的数据计算配合物的稳定常数。由于配合物的解离，导致其吸光度 $A_1 < A_0$，因而其解离度为：

$$\alpha = \frac{A_0 - A_1}{A_0}$$

再根据前面测的配合物的组成，计算其稳定常数。

【思考题】

1. 计算出解离度后如何计算配合物的稳定常数？
2. 分光光度法中如何选择测量波长？

实验 40　二氯化一氯五氨合钴（Ⅲ）的制备及其组成分析

【实验目的】

1. 掌握二氯化一氯五氨合钴（Ⅲ）的制备及其组成分析的方法。
2. 了解蒸馏法测定氨的方法和技术。

【实验原理】

氯化钴（Ⅲ）的氨合物有多种，如橙黄色的三氯化六氨合钴（Ⅲ）（[Co(NH$_3$)$_6$]Cl$_3$）晶体，砖红色三氯化一水五氨合钴（Ⅲ）（[Co(NH$_3$)$_5$·H$_2$O]Cl$_3$）晶体，紫红色的二氯化一氯五氨合钴（Ⅲ）（[Co(NH$_3$)$_5$Cl]Cl$_2$）晶体等。不同的氨合物制备条件各不相同。氯化亚钴与过量氨、氯化铵反应时，如没有活性炭存在，主要产物为二氯化一氯五氨合钴（Ⅲ）；有活性炭时，主要产物为三氯化六氨合钴（Ⅲ）。

本实验在没有活性炭存在时，用过氧化氢作氧化剂，将上述三种物质混合，制备二氯化一氯五氨合钴（Ⅲ）。反应方程式如下：

$$2CoCl_2 + 8NH_3 + 2NH_4Cl + H_2O_2 = 2[Co(NH_3)_5Cl]Cl_2 + 2H_2O$$

配合物中钴（Ⅲ）可将 I$^-$ 氧化成 I$_2$，因而其含量可用间接碘量法进行测定；氨的含量可通过加入强碱并加热，使配合物分解，逸出的 NH$_3$ 用酸标准溶液吸收，再用碱标准溶液返滴定剩余的酸的方法进行测定；氯的含量可用电位滴定法或沉淀滴定法进行测定（测定法终点颜色不明显）。

根据测定出的钴（Ⅲ）、氨、氯的含量计算配合物的组成。

【仪器试剂】

1. 仪器

分析天平（精度 0.0001g），电导率仪，测定氨蒸馏装置，真空水泵等。

2. 试剂

Na$_2$S$_2$O$_3$ 标准溶液（0.1mol·L^{-1}）：其配制和标定方法见实验 32。

AgNO$_3$ 标准溶液（0.1mol·L^{-1}）：其配制和标定方法见实验 33。

HCl 标准溶液（0.5mol·L^{-1}）：其配制和标定方法见实验 24。

NaOH 标准溶液（0.5mol·L^{-1}）：其配制和标定方法见实验 23。

淀粉指示剂（5g·L^{-1}），甲基红指示剂（1g·L^{-1}，60%乙醇溶液），CoCl$_2$·6H$_2$O（固体），NH$_4$Cl（固体），HCl 溶液（浓，3+50），H$_2$O$_2$ 溶液（30%），NaOH 溶液（200g·L^{-1}），氨水（浓），EDTA，无水乙醇，KI（固体）。

【实验步骤】

1. 配合物的制备

在锥形瓶中加入 4g NH$_4$Cl、25mL 浓氨水，不断搅拌下缓缓加入 8g 研细的 CoCl$_2$·6H$_2$O，生成红色沉淀。一边搅拌一边加入 13mL 30% 的 H$_2$O$_2$ 和 50mL 浓

HCl 溶液，水浴加热至 60℃ 左右并恒温 15min。取出，先用自来水冷却，再用冰水冷却。抽滤，将沉淀溶解于 60mL（3+50）的沸 HCl 中，趁热过滤，在滤液中缓慢加入 10mL 浓 HCl，冰水冷却，即有晶体析出。过滤，洗涤，抽干，在真空干燥器中干燥或在 105℃ 下烘干，称量。

2. NH_3 的测定

准确称取 0.3g 配合物，置于锥形瓶中，加入 40mL 蒸馏水溶解，再加入 20mL 的 200g·L^{-1} NaOH 溶液。在另一锥形瓶中，准确加入 30mL 0.5mol·L^{-1} HCl 溶液，置于冰浴中冷却。

按照图 4.3 所示装配好仪器，从漏斗中加入 5mL 200g·L^{-1} NaOH 溶液于小试管中，漏斗下端插入液面下 2~3cm，操作过程中，漏斗下端出口不能暴露在液面以上。小试管口的胶塞要切一缺口，使试管与锥形瓶相通。先用大火加热试样，当溶液接近沸腾时，改用小火，保持微沸状态，蒸馏 1h 左右。蒸馏完毕，取出插入 HCl 溶液的导管，用蒸馏水冲洗导管内外，将洗涤液并入氨吸收瓶中。从水浴取出吸收瓶，加 2 滴甲基红指示剂，用 0.5mol·L^{-1} NaOH 标准溶液滴定溶液变为橙色为终点。按照下式计算氨的含量：

$$w_{NH_3} = \frac{(c_{HCl} \times V_{HCl} - c_{NaOH} \times V_{NaOH}) \times M_{NH_3}}{1000 \times m_{样品}} \times 100\%$$

蒸馏瓶内的溶液留待测钴用。

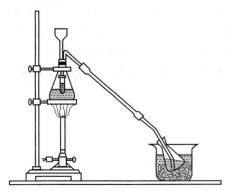

图 4.3 测定氨的装置

3. 钴的测定

将上述蒸馏瓶内的残渣用蒸馏水溶解，冷却后转移到碘量瓶中，加入 1g KI，盖上盖子振荡 1min，加入 15mL 浓 HCl，水封。在暗处放置 15min，加入 100mL 蒸馏水，用 0.1mol·L^{-1} $Na_2S_2O_3$ 标准溶液滴定至溶液呈淡黄色，加入 1mL 淀粉指示剂，继续滴定至蓝色消失。平行测定两次，按照下式计算钴的含量：

$$w_{Co} = \frac{c_{Na_2S_2O_3} \times V_{Na_2S_2O_3} \times M_{Co}}{1000 \times m_{样品}} \times 100\%$$

4. 氯的测定

（1）外界氯的测定　准确称取 0.2g 干燥过的样品于烧杯中，加少量水溶解，用 $AgNO_3$ 标准溶液滴定。记录不同 $AgNO_3$ 溶液体积时的电位值，以 $AgNO_3$ 溶液的体积为横坐标，电位值为纵坐标作图。在滴定曲线上作两条与滴定曲线相切的平行线，两平行线的等分点与曲线的交点为曲线的拐点，拐点对应的体积即为滴定至终点时所消耗的 $AgNO_3$ 标准溶液的体积。

（2）配位氯的测定　准确称取 0.2g 干燥过的样品于烧杯中，加少量水溶解，加入等物质的量的 EDTA 固体，小火加热，用 $AgNO_3$ 标准溶液滴定，记录不同 $AgNO_3$ 溶液体积时的电位值。用（1）中相同的方法计算终点时消耗的 $AgNO_3$ 溶液的体积，从而计算配合物中总氯的量。平行测定三次，总氯的量减去外界氯的量即为配位氯的量。

5. 化学式的确定

根据实验结果，分别计算配合物中 NH_3、Co、Cl 的摩尔比，确定配合物的实验式。

【数据记录】

V_{HCl}/mL	V_{NaOH}/mL	$V_{Na_2S_2O_3}$/mL	V_{AgNO_3}/mL(外界氯)	V_{AgNO_3}/mL(总氯)

【思考题】

1. 制备配合物的过程中，水浴加热 60℃ 并保温 15min 的目的是什么？
2. 制备配合物的过程中，加入 H_2O_2 的作用是什么？
3. 测定钴的过程中，加入 KI 后发生何种反应？
4. 为什么本实验如果用莫尔法测定氯，终点颜色变化不明显？

实验 41　分光光度法测定甲基橙的电离常数

【实验目的】

1. 掌握分光光度法测定一元弱酸电离常数的原理、方法、测定步骤以及实验数据的处理方法。

2. 进一步练习分光光度计的使用方法。

【实验原理】

对于弱酸或者弱碱,如果其酸式型体和碱式型体的吸收曲线不重叠(颜色不同),则可通过控制酸度,利用分光光度法测定其电离常数。

甲基橙指示剂(简写 HIn),其酸式型体(HIn)为红色,碱式型体(In^-)为黄色:

$$HIn(红色) \rightleftharpoons In^-(黄色) + H^+$$

在某一波长下,用 1cm 的比色皿测定溶液的吸光度,则:

$$A = A_{HIn} + A_{In^-} = \varepsilon_{HIn} \times c_{HIn} + \varepsilon_{In^-} \times c_{In^-} = \frac{\varepsilon_{HIn} \times [H^+] \times c}{K_a + [H^+]} + \frac{\varepsilon_{In^-} \times K_a \times c}{K_a + [H^+]}$$

如控制溶液的 pH 较低,即在较高的酸度中,甲基橙主要以 HIn 的形式存在,则吸光度为:

$$A_{HIn} = \varepsilon_{HIn} \times c$$

如控制溶液的 pH 较高,即在较低的酸度中,甲基橙主要以 In^- 的形式存在,则吸光度为:

$$A_{In^-} = \varepsilon_{In^-} \times c$$

由以上三个式子得到:

$$A = \frac{A_{HIn} \times [H^+] + A_{In^-} \times K_a}{K_a + [H^+]}$$

或:

$$pK_a = \lg \frac{A - A_{In^-}}{A_{HIn} - A} + pH$$

保持溶液中甲基橙的分析浓度 c 不变,改变溶液的 pH(即改变两种型体的分布系数),测得不同 pH 下溶液的吸收曲线。从曲线上查得 A_{HIn}、A_{In^-} 以及 A,带入上式即可求得 K_a。或者用 $\lg \frac{A - A_{In^-}}{A_{HIn} - A}$ 对 pH 作图,得到一条直线,直线与 pH 轴的交点所对应的 pH 即为 pK_a。

【仪器试剂】

1. 仪器

分光光度计,pH 计,移液管(5mL),容量瓶(50mL)。

2. 试剂

KCl（2.5mol·L^{-1}）溶液，HCl（2mol·L^{-1}）溶液。

甲基橙溶液（2×10^{-4}mol·L^{-1}）：称取65.4mg甲基橙，溶于水后稀释至1L。

氯乙酸-氯乙酸钠缓冲溶液：总浓度为0.50mol·L^{-1}，pH分别为2.7、3.0、3.5。

HAc-NaAc缓冲溶液：总浓度为0.50mol·L^{-1}，pH分别为4.0、4.5、6.0。

【实验步骤】

取7个容量瓶，分别加入甲基橙溶液5.00mL、KCl溶液2.0mL，再依次加入HCl、六种不同pH的缓冲溶液2.0mL，用水稀释到刻度。摇匀。用pH计分别测定各溶液的pH。以水为参比，分别测定各溶液的吸收曲线，求得甲基橙的pK_a，或用作图法求得pK_a。

【注意事项】

各溶液的pH测定尽可能准确。

【思考题】

1. 不同pH下各溶液的吸收曲线如何变化？
2. 有机酸的酸性太强或太弱时，能否用本方法测定？为什么？

第 5 章　设 计 实 验

实验 42　混合碱中碳酸钠、碳酸氢钠含量的测定

【实验目的】

1. 使学生在天平称量、酸碱滴定等基本操作训练的基础上,进一步熟悉和掌握有关理论知识和操作技能。

2. 学习查阅相关文献资料的方法。

3. 进一步巩固酸碱滴定法中双指示剂法的原理和应用。

4. 学习设计实验方案的方法和注意事项。

5. 培养学生独立获取知识、分析问题和解决问题的能力。

【实验提示】

1. $NaHCO_3$ 与 Na_2CO_3 两种组分的酸碱性如何?

2. 用哪些方法可以分别测定二者的含量?

3. 利用双指示剂法分别测定各组分的含量是用哪两种指示剂?根据什么原理?第一化学计量点时溶液的 pH 约为多少?溶液中的主成分是什么?其他成分占多少?第二化学计量点时溶液的 pH 约为多少?溶液中的主成分是什么?其他成分占多少?

4. 各终点时溶液呈现何种颜色?

【设计内容】

1. 双指示剂法测定 $NaHCO_3$ 和 Na_2CO_3 的方法原理,包括反应方程式,被测物与标准溶液之间的化学计量关系等。

2. 所用的试剂(名称、状态、浓度等)、标准溶液的配制和标定(名称、浓度等)、仪器(名称、规格、数量等)。

3. 实验步骤

(1) 所用试剂的配制方法:包括称取量、如何溶解、如何保存等。

(2) 标准溶液的配制和标定:配制的方法和步骤,用何种基准物质或标准溶液进行标定,所用基准物质的称取量,标定的具体操作步骤等。

(3) 样品的取样量、处理方法等。

(4) 测定步骤,包括所加试剂的浓度和体积,滴定时的条件,终点的颜色等。

4. 数据记录表格

设计科学合理的原始数据记录表格。

5. 结果的计算方法

给出结果的计算公式。

6. 注意事项

列出实验过程中的注意事项。

实验 43　HCl-NH$_4$Cl 混合液中各组分含量的测定

【实验目的】

1. 进一步复习和巩固酸碱准确滴定的条件。
2. 学习弱酸强化的方法。
3. 继续练习酸碱滴定操作。
4. 初步培养学生设计实验方案的能力。
5. 提高独立获取知识、分析问题和解决问题的能力。

【实验提示】

1. HCl 和 NH$_4$Cl 的酸碱性如何？
2. 两种组分能否用酸碱滴定法直接滴定？为什么？
3. 用哪些方法可以分别测定二者的含量？
4. 如何利用酸碱滴定法分别测定两种组分的含量？用什么指示剂？用什么标准溶液？样品要用什么方法处理？

【设计内容】

1. 酸碱滴定法测定 HCl 和 NH$_4$Cl 的方法原理，包括反应方程式，被测物与标准溶液之间的化学计量关系等。

2. 所用的试剂（名称、状态、浓度等）、标准溶液的配制和标定（名称、浓度等）、仪器（名称、规格、数量等）。

3. 实验步骤

（1）所用试剂的配制方法：包括称取量、如何溶解、如何保存等。

（2）标准溶液的配制和标定：配制的方法和步骤，用何种基准物质或标准溶液进行标定，所用基准物质的称取量，标定的具体操作步骤等。

（3）样品的取样量、处理方法等。

（4）测定步骤，包括所加试剂的浓度和体积，滴定时的条件，终点的颜色等。

4. 数据记录表格

设计科学合理的原始数据记录表格。

5. 结果的计算方法

给出结果的计算公式。

6. 注意事项

列出实验过程中的注意事项。

实验 44　HCl、H_3PO_4 混合酸各组分含量的测定

【实验目的】

1. 进一步巩固酸碱滴定法中双指示剂法的原理和应用。
2. 进一步复习和巩固酸碱准确滴定的条件。
3. 继续练习酸碱滴定操作。
4. 培养与提高独立获取知识、分析问题和解决问题的能力。
5. 基本掌握设计实验方案的方法和步骤。

【实验提示】

1. HCl 和 H_3PO_4 的酸碱性如何？
2. 两种组分能否用酸碱滴定法直接滴定？为什么？
3. H_3PO_4 中有几个 H^+ 能够被直接滴定？
4. 用哪些方法可以分别测定二者的含量？
5. 如何利用酸碱滴定法中的双指示剂法分别测定两种组分的含量？用哪两种指示剂？用何种标准溶液？
6. 第一化学计量点时溶液的 pH 约为多少？被测组分发生了什么反应？溶液呈何种颜色？
7. 第二化学计量点时溶液的 pH 约为多少？被测组分发生了什么反应？溶液呈何种颜色？

【设计内容】

1. 双指示剂法测定 HCl 和 H_3PO_4 的方法原理，包括反应方程式，被测物与标准溶液之间的化学计量关系等。
2. 所用的试剂（名称、状态、浓度等）、标准溶液的配制和标定（名称、浓度等）、仪器（名称、规格、数量等）。
3. 实验步骤

（1）所用试剂的配制方法：包括称取量、如何溶解、如何保存等。

（2）标准溶液的配制和标定：配制的方法和步骤，用何种基准物质或标准溶液进行标定，所用基准物质的称取量，标定的具体操作步骤等。

（3）样品的取样量、处理方法等。

（4）测定步骤，包括所加试剂的浓度和体积，滴定时的条件，终点的颜色等。

4. 数据记录表格

设计科学合理的原始数据记录表格。

5. 结果的计算方法

分别给出 HCl 和 H_3PO_4 的含量的计算公式。

6. 注意事项

列出实验过程中的注意事项。

实验 45　Na_3PO_4 和 Na_2CO_3 混合物中各成分含量的测定

【实验目的】

1. 掌握酸碱滴定法中双指示剂法的原理和应用。
2. 复习和巩固酸碱准确滴定的条件。
3. 继续练习酸碱滴定操作。
4. 培养与提高独立获取知识、分析问题和解决问题的能力。
5. 掌握设计实验方案的方法和步骤。

【实验提示】

1. Na_3PO_4 和 Na_2CO_3 的酸碱性如何？
2. 两种组分能否用酸碱滴定法直接滴定？为什么？
3. Na_3PO_4 和 Na_2CO_3 分别可以被几个 OH^- 准确滴定？
4. 用哪些方法可以分别测定二者的含量？
5. 如何利用酸碱滴定法中的双指示剂法分别测定两种组分的含量？用哪两种指示剂？用何种标准溶液？
6. 第一化学计量点时溶液的 pH 约为多少？被测组分发生了什么反应？溶液呈何种颜色？
7. 第二化学计量点时溶液的 pH 约为多少？被测组分发生了什么反应？溶液呈何种颜色？

【设计内容】

1. 双指示剂法测定 Na_3PO_4 和 Na_2CO_3 的方法原理，包括反应方程式，被测物与标准溶液之间的化学计量关系等。
2. 所用的试剂（名称、状态、浓度等）、标准溶液的配制和标定（名称、浓度等）、仪器（名称、规格、数量等）。
3. 实验步骤

（1）所用试剂的配制方法：包括称取量、如何溶解、如何保存等。

（2）标准溶液的配制和标定：配制的方法和步骤，用何种基准物质或标准溶液进行标定，所用基准物质的称取量，标定的具体操作步骤等。

（3）样品的取样量、处理方法等。

（4）测定步骤，包括所加试剂的浓度和体积，滴定时的条件，终点的颜色等。

4. 数据记录表格

设计科学合理的原始数据记录表格。

5. 结果的计算方法

分别给出 Na_3PO_4 和 Na_2CO_3 的含量的计算公式。

6. 注意事项

列出实验过程中的注意事项。

实验 46　醋酸解离度和解离常数的测定

【实验目的】

1. 学习弱酸解离度和解离常数的测定方法。
2. 复习和巩固酸碱准确滴定的条件。
3. 继续练习酸碱滴定操作。
4. 培养与提高独立获取知识、分析问题和解决问题的能力。

【实验提示】

1. HAc 的酸碱性如何？
2. 能否用酸碱滴定法直接滴定 HAc？为什么？用什么作指示剂？
3. 用哪些方法可以测定弱酸的解离常数？
4. 如何利用酸碱滴定法测定弱酸的解离常数？
5. 除了酸碱滴定测得的数据，要计算弱酸的解离常数，还需要什么数据？如何测得？
6. 为什么要用不同浓度的 HAc 来测定其解离度和解离常数？
7. HAc 的解离度和解离常数与浓度是否有关？为什么？

【设计内容】

1. 酸碱滴定法测定 HAc，其解离度和解离常数的方法原理。
2. 所用试剂（名称、状态、浓度等）、标准溶液的配制和标定（名称、浓度等）、仪器（名称、规格、数量等）。
3. 实验步骤

（1）所用试剂的配制方法：包括称取量、如何溶解、如何保存等。

（2）标准溶液的配制和标定：配制的方法和步骤，用何种基准物质或标准溶液进行标定，所用基准物质的称取量，标定的具体操作步骤等。

（3）样品的取样量、处理方法等。

（4）测定步骤，包括所加试剂的浓度和体积，滴定时的条件，终点的颜色等。

4. 数据记录表格

设计科学合理的原始数据记录表格。

5. 结果的计算方法

分别给出 HAc 解离度和解离常数的计算公式。

6. 注意事项

列出实验过程中的注意事项。

实验 47　胃舒平药物中铝、镁含量的测定

【实验目的】

1. 复习和巩固返滴定法的原理和操作。
2. 学习药物样品的处理方法。
3. 培养与提高独立获取知识、分析问题和解决问题的能力。
4. 掌握设计实验方案的方法，提高实施实验方案的能力。

【实验提示】

1. 胃舒平药物中铝、镁有何作用？
2. 铝、镁有哪些测定方法？
3. 利用配位滴定法如何分别测定胃舒平药物中铝、镁的含量？利用何种方法实现分别测定？
4. 利用何种缓冲溶液控制酸度？
5. 有哪些共存离子产生干扰？如何消除？
6. 药典中规定的方法是什么？

【设计内容】

1. 配位滴定法测定胃舒平药物中铝、镁含量的方法原理，包括反应方程式，被测物与标准溶液之间的化学计量关系等。
2. 所用的试剂（名称、状态、浓度等）、标准溶液的配制和标定（名称、浓度等）、仪器（名称、规格、数量等）。
3. 实验步骤

（1）所用试剂的配制方法：包括称取量、如何溶解、如何保存等。

（2）标准溶液的配制和标定：配制的方法和步骤，用何种基准物质或标准溶液进行标定，所用基准物质的称取量，标定的具体操作步骤等。

（3）样品的取样量、处理方法等。

（4）测定步骤，包括所加试剂的浓度和体积，滴定时的条件，溶液 pH 的调节方法，终点的颜色等。

4. 数据记录表格

设计科学合理的原始数据记录表格。

5. 结果的计算方法

分别给出铝、镁含量的计算公式。

6. 注意事项

列出实验过程中的注意事项。

实验 48　酸雨中 SO_4^{2-} 含量的测定

【实验目的】

1. 了解酸雨的形成及危害。
2. 学习用 EDTA 返滴定法测定酸雨中 SO_4^{2-} 的含量。
3. 培养与提高独立获取知识、分析问题和解决问题的能力。

【实验提示】

1. 酸雨是如何形成的？有哪些危害？
2. 酸雨中的 SO_4^{2-} 含量可用哪些方法进行测定？
3. 用 EDTA 返滴定法测定 SO_4^{2-} 的含量时，溶液的酸度该如何控制？
4. 酸雨中的 CO_3^{2-} 是否有影响？如何消除？
5. 在测定的酸度条件下，水中还有哪些离子有干扰？如何消除？

【设计内容】

1. 用 EDTA 返滴定法测定酸雨中 SO_4^{2-} 含量的方法和原理。
2. 所用的试剂（名称、状态、浓度等）、标准溶液的配制和标定（名称、浓度等）、仪器（名称、规格、数量等）。
3. 实验步骤

(1) 所用试剂的配制方法：包括称取量、如何溶解、如何保存等。

(2) 标准溶液的配制和标定：配制的方法和步骤，用何种基准物质或标准溶液进行标定，所用基准物质的称取量，标定的具体操作步骤等。

(3) 样品的取样量。

(4) 测定步骤，包括所加试剂的浓度和体积，滴定时的条件，溶液 pH 的调节方法，终点的颜色等。

4. 结果的计算方法

给出计算公式，并注明式中各符号的意义。

5. 注意事项

列出实验过程中的注意事项。

实验 49　Bi^{3+} 和 Fe^{3+} 混合液中 Bi^{3+} 和 Fe^{3+} 含量的分别测定

【实验目的】

1. 复习巩固提高配位滴定选择性的方法。
2. 培养与提高独立获取知识、分析问题和解决问题的能力。
3. 掌握设计实验方案的方法，提高实施实验方案的能力。

【实验提示】

1. Bi^{3+} 和 Fe^{3+} 两种金属离子与 EDTA 生成配合物的稳定常数分别为多少？
2. Bi^{3+} 和 Fe^{3+} 两种金属离子共存时能否用控制酸度的方法进行分别滴定？为什么？
3. 可否用 EDTA 同时测得两种离子的总量？在何种酸度条件下进行测定？
4. 能否将 Fe^{3+} 还原为 Fe^{2+} 再进行分别测定？
5. 先滴定哪种离子？为什么？

【设计内容】

1. 用配位滴定法测定同一溶液中 Bi^{3+} 和 Fe^{3+} 含量的方法原理。
2. 所用的试剂（名称、状态、浓度等）、标准溶液的配制和标定（名称、浓度等）、仪器（名称、规格、数量等）。
3. 实验步骤

（1）所用试剂的配制方法：包括称取量、如何溶解、如何保存等。

（2）标准溶液的配制和标定：配制的方法和步骤，用何种基准物质或标准溶液进行标定，所用基准物质的称取量，标定的具体操作步骤等。

（3）样品的取样量。

（4）测定步骤，包括所加试剂的浓度和体积，滴定时的条件，溶液 pH 的调节方法，终点的颜色等。

4. 数据记录表格

设计科学合理的原始数据记录表格。

5. 结果的计算方法

给出结果的计算公式。

6. 注意事项

列出实验过程中的注意事项。

实验 50　水中溶解氧的测定

【实验目的】

1. 了解水中溶解氧的量对水质的影响及测定水中溶解氧的意义。
2. 学习水样的采样和保存方法。
3. 复习巩固碘量法。
4. 培养与提高独立获取知识、分析问题和解决问题的能力。
5. 掌握设计实验方案的方法，提高实施实验方案的能力。

【实验提示】

1. 水中溶解氧的量对水质有何影响？
2. 查阅相关资料，如国家标准等，了解水中溶解氧的测定方法。
3. 用间接碘量法测定水中溶解氧时，水中的氯、亚硝酸盐、铁等是否有干扰？如何消除干扰？

【设计内容】

1. 间接碘量法测定水中溶解氧的方法原理。
2. 所用的试剂（名称、状态、浓度等）、标准溶液的配制和标定（名称、浓度等）、仪器（名称、规格、数量等）。
3. 实验步骤

（1）所用试剂的配制方法：包括称取量、如何溶解、如何保存等。

（2）所用 $Na_2S_2O_3$ 标准溶液的配制和标定：配制的方法和步骤，用 KIO_3 作基准物质进行标定时，所用基准物质的称取量，标定的具体操作步骤等。

（3）水样的采集和保存方法。

（4）测定步骤，包括所加试剂的浓度和体积，滴定时的条件，溶液 pH 的调节方法，终点的颜色等。

4. 数据记录表格

设计科学合理的原始数据记录表格。

5. 结果的计算方法

根据反应方程式给出溶解氧与 $Na_2S_2O_3$ 标准溶液的化学计量关系，并写出计算公式。

6. 注意事项

列出实验过程中的注意事项。

实验 51　漂白粉中有效氯含量的测定

【实验目的】

1. 了解漂白粉的主要成分以及有效氯的含义。
2. 学习和掌握间接碘量法测定有效氯的方法和原理。
3. 锻炼和提高独立设计实验方案的能力。

【实验提示】

1. 漂白粉的主要作用成分是什么？其漂白原理是什么？
2. 有效氯含量的定义是什么？
3. 用什么方法能够对氯进行检测？
4. 用间接碘量法测定有效氯的原理是什么？主要反应是什么？
5. 测定条件如何控制？

【设计内容】

1. 写出间接碘量法测定有效氯的原理以及反应方程式。
2. 列出所需试剂（名称、状态、浓度等）、标准溶液的配制和标定（名称、浓度等）、仪器（名称、规格、数量等）。
3. 设计实验步骤

(1) 所需标准溶液的配制方法、标定条件。

(2) 样品的采样方法、采样量以及处理方法。

(3) 有效氯的测定方法和步骤。

4. 数据记录表格

设计科学合理的原始数据记录表格。

5. 结果的计算方法

根据反应方程式，找出有效氯和标准溶液硫代硫酸钠之间的化学计量关系，给出计算公式。

6. 注意事项

列出实验过程中的注意事项。

实验 52　钢铁中铬、锰含量的同时测定

【实验目的】
1. 了解钢铁的组成元素以及对钢铁质量的影响。
2. 巩固吸光度的加和性原理。
3. 通过查阅相关文献，学习分光光度法同时测定铁中铬、锰含量的方法和原理。
4. 培养学生独立学习及分析问题、解决问题的能力。

【实验提示】
1. 不同种类的钢铁中主要存在哪些元素？各种元素的含量高低对钢铁质量有何影响？
2. 各种元素的含量约为多少？
3. 如何将钢铁溶解，溶解后的钢铁中主要元素的存在形式是什么？
4. 钢铁中不同量的铬、锰可分别采用什么方法进行测定？
5. 如何将溶液中铬、锰离子转化为 $Cr_2O_7^{2-}$、MnO_4^-？如何利用吸光度的加和性原理，同时测定铬、锰的含量？列出有关方程式。
6. 实验所用的催化剂、氧化剂分别是什么，是在酸性还是碱性条件下进行的？
7. 如何掩蔽铁离子和其他离子的干扰？

【设计内容】
1. 分光光度法同时测定钢铁中铬、锰含量的方法原理。
2. 所用仪器（名称、规格、数量等），试剂（名称、状态、浓度等）。
3. 实验步骤
(1) 试样溶液的制备：包括称取量、如何溶解、如何保存等。
(2) 参比溶液的选取及标准溶液的配制：配制的方法和步骤。
(3) 利用标准溶液分别测定两种组分的吸收光谱，确定各组分的最大吸收波长，计算两种组分在测定波长下的摩尔吸光系数。
(4) 测定试样溶液在两个波长下的吸光度，列出方程式并进行计算。
4. 钢铁中铬、锰含量的计算方法
给出结果的计算公式。
5. 注意事项
列出实验过程中的注意事项。

实验 53　不锈钢中铬含量的测定

【实验目的】
1. 了解不锈钢中所含的元素及其作用。
2. 熟悉测定不锈钢中铬含量的原理和操作方法。
3. 学习设计实验方案的方法和注意事项。
4. 培养学生独立学习、分析问题和解决问题的能力。

【实验提示】
1. 不锈钢与普通碳素钢有什么不同？不锈钢中含有哪些元素？
2. 不锈钢中铬含量约为多少？如何进行测定？
3. 低含量的铬如何测定？
4. 如何将不锈钢试样溶解？
5. 该实验分别选用什么作催化剂、氧化剂以及如何确定 Cr^{3+} 被完全氧化？
6. 用什么滴定溶液中的 $Cr_2O_7^{2-}$，指示剂是什么？滴定终点颜色如何变化？

【设计内容】
1. 氧化还原反应测定不锈钢中铬含量的方法原理。写出主要反应方程式，给出被测物和标准溶液的化学计量关系。
2. 所用的试剂（名称、状态、浓度等）、标准溶液的配制和标定（名称、浓度等）、仪器（名称、规格、数量等）。
3. 实验步骤
（1）标准溶液的配制和标定：配制的方法和步骤，用何种基准物质或标准溶液进行标定，所用基准物质的称取量，标定的具体操作步骤等。
（2）样品的取样量、溶样方法等。
（3）测定步骤，包括所加试剂的浓度和体积，滴定时的条件，终点的颜色等。
4. 结果的计算方法
给出结果的计算公式。
5. 注意事项
列出实验过程中的注意事项。

实验 54　法扬司法测定氯化物中的氯含量

【实验目的】

1. 巩固法扬司法进行沉淀滴定的原理及条件。
2. 学习 $AgNO_3$ 标准溶液的制备与标定方法。
3. 提高独立设计实验方案的能力。

【实验提示】

1. 法扬司法的原理是什么？用途是什么？
2. 分析 $AgNO_3$ 的物理、化学性质，找到可行的配制方法。
3. 用法扬司法测定，指示剂的选用原则是什么？
4. 滴定终点附近，溶液的颜色如何变化？

【设计内容】

1. 法扬司法测定氯的原理及方法。
2. $AgNO_3$ 标准溶液的配制和标定方法，所用的指示剂、仪器（名称、规格、数量等）。
3. 实验步骤

（1）$AgNO_3$ 标准溶液的配制和标定。

（2）根据试样的性质和实验的要求，设计合理的方法对原始试样进行处理。

（3）进行实验滴定，科学规划添加试剂的浓度、体积，选择合适的滴定条件。注意观察，滴定终点附近的溶液颜色变化。

4. 科学设计数据记录表格，并记录。
5. 根据实验方法和原理，列出实验的注意事项。

实验 55 蛋白质含量的测定

【实验目的】
1. 学习分光光度法测定蛋白质含量的方法和原理。
2. 培养学生查阅资料、设计实验方案及组织实施实验的能力。

【实验原理】
考马斯亮蓝 g-250 染料本身的最大吸收峰的位置（λ_{max}）为 465nm，在酸性溶液中能与蛋白质通过疏水作用结合，形成蛋白质-染料复合物，颜色由红色转变为蓝色，最大光吸收波长红移至 595nm，溶液的颜色也由棕黑色变为蓝色，并且在低浓度范围（$0.01\sim1.0\text{mg}\cdot\text{mL}^{-1}$）内，与蛋白质浓度的关系服从比耳定律。据此，可建立一种蛋白质含量的分光光度分析法。该方法的优点如下。

① 灵敏度高，其最低蛋白质检测量可达 1mg。这是因为蛋白质与染料结合后产生的颜色变化很大，蛋白质-染料复合物有更高的吸光系数，因而光吸收值随蛋白质浓度的变化较大。

② 测定快速、简便，只需加一种试剂。完成一个样品的测定，只需要 5min 左右。由于染料与蛋白质结合的过程，大约只要 2min 即可完成，其颜色可以在 1h 内保持稳定，且在 5~20min 之间，颜色的稳定性最好。

③ 干扰物质少。K^+、Na^+、Mg^{2+}、糖、甘油、巯基乙醇等均不干扰测定。

【仪器试剂】
1. 仪器
可见光分光光度计，旋涡混合器等。
2. 试剂
标准蛋白质溶液：准确称取 50mg 牛血清蛋白，加入 0.526g NaCl，溶于少量蒸馏水中，然后稀释定容到 500mL，配制成浓度为 $100\mu\text{g}\cdot\text{mL}^{-1}$ 的牛血清蛋白原液。取上述溶液 10mL 于 100mL 容量瓶中，用水稀释至刻度，配制成蛋白质浓度为 $10\mu\text{g}\cdot\text{mL}^{-1}$ 的溶液。

考马斯亮蓝 g-250 染料：称 100mg 考马斯亮蓝 g-250，溶于 50mL 95% 的乙醇后，再加入 120mL 85% 的磷酸，用水稀释至 1L。

【实验步骤】
1. 条件实验（自行设计方案）
(1) 最大吸收波长的确定。
(2) 考马斯亮蓝 g-250 染料用量的确定。
(3) 反应时间的确定。
(4) 反应温度的确定。
2. 工作曲线的绘制

取 7 支试管，分别加入 $10\mu g \cdot mL^{-1}$ 的牛血清蛋白原液 0mL、0.1mL、0.2mL、0.4mL、0.6mL、0.8mL、1.0mL，然后用蒸馏水补充到 1.0mL。再分别加入选定量的考马斯亮蓝 g-250 试剂，每加完一管，立即在旋涡混合器上混合（注意不要太剧烈，以免产生大量气泡而难于消除）。在选定的条件下进行反应后，以试剂空白为参比，在分光光度计上测定各溶液在 595nm 处的光吸收值。以标准蛋白的质量为横坐标，吸光度值为纵坐标，绘制标准曲线。

3. 样品的测定

取适量试样溶液，按照绘制标准曲线相同的方法和步骤测定其吸光度，由标准曲线得到蛋白质的含量。

【思考题】

1. 该实验所用比色皿为石英的还是玻璃的，为什么？
2. 考马斯亮蓝试剂加入后为什么不能在旋涡混合器上剧烈混合？
3. 比较该方法与凯氏定氮法的优缺点。

实验 56　室内空气中甲醛含量的测定

【实验目的】
1. 了解甲醛的危害。
2. 学习室内空气中甲醛含量的测定方法。
3. 学习气体的收集方法。
4. 锻炼分析问题和解决问题的能力。

【实验提示】
1. 室内甲醛有哪些来源？
2. 有哪些方法可以测定甲醛？
3. 了解甲醛的物理化学性质，查阅其特殊的变色反应。
4. 如何用分光光度法对空气中总的甲醛含量进行测定？
5. 空气该如何采样？

【设计内容】
1. 通过查阅文献资料，了解甲醛信息，选取可行的分析方法，并形成初步的分析方案。
2. 所用的试剂（名称、状态、浓度等）、配制的方法、仪器（名称、规格、数量等）。
3. 实验步骤
(1) 选取合适的方法进行采样。
(2) 配制系列标准样品，并进行显色。
(3) 测定标准样品的吸光度，并绘制标准曲线。
(4) 对被测试样进行处理、显色，测定其吸光度。
(5) 给出计算公式。
4. 注明实验过程中的注意事项。

实验 57　硫酸亚铁铵的制备及纯度分析

【实验目的】

1. 了解复盐的一般特征和制备方法。
2. 通过查阅文献掌握硫酸亚铁铵的制备方法。
3. 继续练习水浴加热和减压过滤等基本操作。
4. 了解目视比色法来检验产品中的 Fe(Ⅲ) 杂质的原理和方法。

【实验提示】

1. 通过哪些反应制备硫酸亚铁铵？
2. 硫酸亚铁铵中的亚铁在空气中是否稳定？
3. 硫酸亚铁铵为什么能够从水中析出？
4. 通过什么方法可以检验产品中的杂质 Fe(Ⅲ)？

【设计内容】

1. 用纯铁和硫酸反应制备硫酸亚铁的方法和原理。
2. 用制备的硫酸亚铁和硫酸铵制备硫酸亚铁铵的方法和原理、步骤和分离操作。
3. 用目视比色法检验产品纯度的方法和原理以及操作步骤。
4. 所用的试剂（名称、状态、浓度等）、标准溶液的配制和标定（名称、浓度等）、仪器（名称、规格、数量等）。
5. 实验步骤

（1）所用试剂的配制方法：包括称取量、如何溶解、如何保存等。

（2）标准溶液的配制和标定：配制的方法和步骤，用何种基准物质或标准溶液进行标定，所用基准物质的称取量，标定的具体操作步骤等。

（3）制备硫酸亚铁的操作步骤。

（4）制备硫酸亚铁铵的操作步骤。

（5）产品纯度检验的操作步骤。

6. 数据记录表格：设计科学合理的原始数据记录表格。
7. 结果的计算方法。

【注意事项】

1. 铁屑应先剪碎，全部浸没在硫酸溶液中，同时不要剧烈摇动锥形瓶，以防铁暴露在空气中氧化。

2. 制备硫酸亚铁过程中边加热边补充水，以防 $FeSO_4$ 结晶析出，但不能加水过多，保持 pH 在 2 以下。如 pH 太高，Fe^{2+} 易氧化成 Fe^{3+}。

3. 制备硫酸亚铁过程中趁热减压过滤时，为防透滤可同时用两层滤纸，并将滤液迅速倒入事先溶解好的 $(NH_4)_2SO_4$ 溶液中，以防 $FeSO_4$ 氧化。

附　　录

附录1　弱酸弱碱在水中的电离常数（25℃，$I=0$）

附表1.1　弱酸

名称	化学式	K_a	pK_a
砷酸	H_3AsO_3	6.5×10^{-3} (K_{a1}) 1.15×10^{-7} (K_{a2}) 3.2×10^{-12} (K_{a3})	2.19 6.94 11.50
亚砷酸	$HAsO_2$	6.0×10^{-10}	9.22
硼酸	H_3BO_3	5.8×10^{-10}	9.24
碳酸	$H_2CO_3(CO_2+H_2O)$	4.2×10^{-7} (K_{a1}) 5.6×10^{-11} (K_{a2})	6.38 10.25
铬酸	H_2CrO_4	3.2×10^{-7} (K_{a2})	6.50
氢氰酸	HCN	4.9×10^{-10}	9.31
氢氟酸	HF	6.8×10^{-4}	3.17
磷酸	H_3PO_4	7.6×10^{-3} (K_{a1}) 6.3×10^{-8} (K_{a2}) 4.4×10^{-13} (K_{a3})	2.12 7.20 12.36
硅酸	H_2SiO_3	1.7×10^{-10} (K_{a1}) 1.6×10^{-12} (K_{a2})	9.77 11.80
硫酸	H_2SO_4	1.2×10^{-2} (K_{a2})	1.92
亚硫酸	$H_2SO_3(SO_2+H_2O)$	1.29×10^{-2} (K_{a1}) 6.3×10^{-8} (K_{a2})	1.89 7.20
甲酸	$HCOOH$	1.7×10^{-4}	3.77
乙酸	CH_3COOH	1.75×10^{-5}	4.76
丙酸	C_2H_5COOH	1.35×10^{-5}	4.87
氯乙酸	$ClCH_2COOH$	1.38×10^{-3}	2.86
二氯乙酸	$Cl_2CHCOOH$	5.5×10^{-2}	1.26
氨基乙酸	$NH_3^+CH_2COOH$ $NH_3^+CH_2COO^-$	4.5×10^{-3} (K_{a1}) 1.7×10^{-10} (K_{a2})	2.35 9.78
苯甲酸	C_6H_5COOH	6.2×10^{-5}	4.21
草酸	$H_2C_2O_4$	5.6×10^{-2} (K_{a1}) 5.1×10^{-5} (K_{a2})	1.25 4.29
乳酸	$CH_3CHOHCOOH$	1.4×10^{-4}	3.86

续表

名称	化学式	K_a	pK_a
α-酒石酸	CH(OH)COOH | CH(OH)COOH	$9.1\times10^{-4}(K_{a1})$ $4.3\times10^{-5}(K_{a2})$	3.04 4.37
琥珀酸	CH$_2$COOH | CH$_2$COOH	$6.2\times10^{-5}(K_{a1})$ $2.3\times10^{-6}(K_{a2})$	4.21 5.64
邻苯二甲酸	$C_6H_4(COOH)_2$	$1.12\times10^{-3}(K_{a1})$ $3.91\times10^{-6}(K_{a2})$	2.95 5.41
柠檬酸	CH$_2$COOH | C(OH)COOH | CH$_2$COOH	$7.4\times10^{-4}(K_{a1})$ $1.7\times10^{-5}(K_{a2})$ $4.0\times10^{-7}(K_{a3})$	3.13 4.76 6.40
苯酚	C_6H_5OH	1.1×10^{-10}	9.95
乙二胺四乙酸	H_6-EDTA^{2+} H_5-EDTA$^+$ H_4-EDTA H_3-EDTA$^-$ H_2-EDTA^{2-} H-EDTA^{3-}	$0.13(K_{a1})$ $3\times10^{-2}(K_{a2})$ $1\times10^{-2}(K_{a3})$ $2.1\times10^{-3}(K_{a4})$ $6.9\times10^{-7}(K_{a5})$ $5.5\times10^{-11}(K_{a6})$	0.9 1.6 2.0 2.67 6.16 10.26
水杨酸	$C_6H_4(COOH)(OH)$	1.05×10^{-3}	2.98
磺基水杨酸	$C_6H_3(COOH)(OH)(SO_3^-)$	$3\times10^{-3}(K_{a1})$ $3\times10^{-12}(K_{a2})$	2.6 11.6

附表 1.2　弱碱

名称	化学式	K_b	pK_b
氨	NH_3	1.8×10^{-5}	4.75
联氨	NH_2-NH_2	$9.8\times10^{-7}(K_{b1})$ $1.32\times10^{-15}(K_{b2})$	6.01 14.88
羟胺	NH_2OH	9.1×10^{-9}	8.04
甲胺	CH_3NH_2	4.2×10^{-4}	3.38
二甲胺	$(CH_3)_2NH$	1.2×10^{-4}	3.93
乙胺	$C_2H_5NH_2$	4.3×10^{-4}	3.37
二乙胺	$(C_2H_5)_2NH$	1.3×10^{-3}	2.89
苯胺	$C_6H_5NH_2$	4.2×10^{-10}	9.38
乙二胺	$H_2NCH_2CH_2NH_2$	$8.5\times10^{-5}(K_{b1})$ $7.1\times10^{-8}(K_{b2})$	4.07 7.15
乙醇胺	$HOCH_2CH_2NH_2$	30.2×10^{-5}	4.50
三乙醇胺	$N(CH_2CH_2OH)_3$	5.8×10^{-7}	6.24
六亚甲基四胺	$(CH_2)_6N$	1.35×10^{-9}	8.87
吡啶	C_6H_5N	1.8×10^{-9}	8.74

附录2 滴定分析中常用的指示剂

附表2.1 酸碱指示剂

(1) 单一指示剂

指示剂	颜色			pK_a	变色范围	配制方法
	酸色	过渡色	碱色			
百里酚蓝（第一步解离）	红	橙	黄	1.7	1.2~2.8	0.1%水溶液
甲基黄	红	橙黄	黄	3.3	2.9~4.0	0.1%乙醇溶液
溴酚蓝	黄		紫	4.1	3.0~4.4	0.1%水溶液
甲基橙	红	橙	黄	3.4	3.1~4.4	0.1%水溶液
溴甲酚绿	黄	绿	蓝	4.9	3.8~5.4	0.1%水溶液
甲基红	红	橙	黄	5.0	4.4~6.2	0.1%水溶液
溴甲酚紫	黄		紫	6	5.2~6.8	0.1%水溶液
溴百里酚蓝	黄	绿	蓝	7.3	6.0~7.6	0.1%水溶液
酚红	黄	橙	红	8.0	6.4~8.0	0.1%水溶液
百里酚蓝（第二步解离）	黄		蓝	8.9	8.0~9.6	0.1%水溶液
酚酞	无	粉红	红	9.1	8.0~9.8	0.1%乙醇溶液
百里酚酞	无	淡蓝	蓝	10.0	9.4~10.6	0.1%乙醇溶液

(2) 混合指示剂

指示剂	变色点	颜色		备注
		酸色	碱色	
0.1%甲基橙水溶液+0.25%靛蓝磺酸钠水溶液(1:1)	4.1	紫色	黄绿	pH 4.1 灰色
0.1%溴甲酚绿乙醇溶液+0.2%甲基红乙醇溶液(3:1)	5.1	酒红	绿色	pH 5.1 灰色
0.1%溴甲酚绿钠盐溶液+0.1%氯酚红钠盐溶液(1:1)	6.1	蓝绿	蓝紫	pH 5.4 蓝绿
0.1%中性红乙醇溶液+0.1%亚甲基蓝乙醇溶液(1:1)	7.0	蓝紫	绿	pH 5.8 蓝色 pH 6.0 蓝带紫 pH 6.2 蓝紫
0.1%甲酚红水溶液+0.1%百里酚蓝水溶液(1:3)	8.3	黄	紫	pH 8.2 粉色 pH 8.4 紫色
0.1%百里酚蓝的50%乙醇溶液+0.1%酚酞的50%乙醇溶液(1:3)	9.0	黄色	紫色	从黄到绿再到紫

附表 2.2　金属指示剂

指示剂	解离配合和颜色变化	配制方法
铬黑 T(EBT)	$H_2In^- \xrightleftharpoons{pK_{a2}=6.3} HIn^{2-} \xrightleftharpoons{pK_{a3}=11.6} In^{3-}$ 紫红　　　　　　蓝　　　　　　橙	0.5%水溶液
二甲酚橙(XO)	$H_3In^{4-} \xrightleftharpoons{pK_a=6.3} H_2In^{5-}$ 黄　　　　　红	0.2%水溶液
K-B 指示剂	$H_2In^- \xrightleftharpoons{pK_{a1}=8} HIn^- \xrightleftharpoons{pK_{a2}=13} In^{2-}$ 红　　　　　　蓝　　　　　　紫红	0.2g 酸性铬蓝 K 与 0.4g 萘酚绿溶于 100mL 蒸馏水中
钙指示剂	$H_2In^- \xrightleftharpoons{pK_{a2}=7.4} HIn^{2-} \xrightleftharpoons{pK_{a3}=13.5} In^{3-}$ 酒红　　　　　蓝　　　　　　酒红	0.5%乙醇溶液
吡啶偶氮萘酚(PAN)	$H_2In^+ \xrightleftharpoons{pK_{a1}=1.9} HIn \xrightleftharpoons{pK_{a2}=12.2} In^-$ 黄绿　　　　　黄　　　　　　淡红	0.1%乙醇溶液
磺基水杨酸	$H_2In \xrightleftharpoons{pK_{a1}=2.7} HIn^- \xrightleftharpoons{pK_{a2}=13.1} In^{2-}$ 　　　　　　无色	1%水溶液
钙镁指示剂	$H_2In^- \xrightleftharpoons{pK_{a2}=8.1} HIn^{2-} \xrightleftharpoons{pK_{a3}=12.4} In^{3-}$ 红　　　　　　蓝　　　　　　橙红	0.5%水溶液

附表 2.3　氧化还原指示剂

指示剂	$E^{\ominus}/V$ $[H^+]=1mol\cdot L^{-1}$	颜色 氧化态	颜色 还原态	配制方法
亚甲基蓝	0.52	蓝色	无色	$0.5g\cdot L^{-1}$的水溶液
二苯胺	0.76	紫色	无色	$10g\cdot L^{-1}$的浓 H_2SO_4 溶液
二苯胺磺酸钠	0.85	紫红	无色	$5g\cdot L^{-1}$的水溶液
N-邻苯氨基苯甲酸	1.08	紫红	无色	0.1g 指示剂加 20mL $50g\cdot L^{-1}$的 Na_2CO_3 溶液,用水稀释至 100mL
邻二氮菲-Fe(Ⅱ)	1.06	浅蓝	红色	1.485g 邻二氮菲加 0.965g $FeSO_4$,溶解后稀释至 100mL

附表 2.4　吸附指示剂

指示剂	适用 pH 范围	颜色变化	可测物	配制方法
荧光黄	7~10	黄绿~玫瑰红	Cl^-、Br^-、I^-、SCN^-	1%钠盐水溶液
二氯荧光黄	4~10	黄绿~玫瑰红	Cl^-、Br^-、I^-	1%钠盐水溶液
四溴荧光黄	2~10	橙红~红紫	Br^-、I^-、SCN^-	1%钠盐水溶液

附录3　市售酸碱的浓度和密度

试剂	密度/g·L^{-1}	浓度/mol·L^{-1}	含量/%
盐酸	1.18～1.19	11.6～12.4	36～38
硝酸	1.39～1.40	14.4～15.2	65.0～68.0
硫酸	1.83～1.84	17.8～18.4	95～98
磷酸	1.69	14.6	85
高氯酸	1.68	11.7～12.0	70.0～72.0
乙酸	1.04	6.2～6.4	36.0～37.0
冰醋酸	1.05	17.4	99.8（优级纯）；99.5（分析纯）；约99.0（化学纯）
氢氟酸	1.13	22.5	40
氨水	0.88～0.90	13.3～14.8	25.0～28.0

附录4　常用缓冲溶液的配制

组成	pK_a	配制方法
氨基乙酸-HCl	2.35	150g 氨基乙酸溶于500mL水中，加80mL浓HCl，稀释至1L
一氯乙酸-NaOH	2.86	200g 一氯乙酸溶于200mL水中，加40g NaOH溶解后，稀释至1L
邻苯二甲酸氢钾-HCl	2.95	50g 邻苯二甲酸氢钾溶于500mL水中，加80mL浓HCl，稀释至1L
甲酸-NaOH	3.76	95g 甲酸和40g NaOH，溶于500mL水中，稀释至1L
NaAc-HAc	4.74	83g 无水NaAc溶于水中，加60mL冰醋酸，稀释至1L
六亚甲基四胺-HCl	5.15	40g 六亚甲基四胺溶于200mL水中，加10mL浓HCl，稀释至1L
三羟甲基氨基甲烷-HCl	8.21	25g 三羟甲基氨基甲烷(Tris)溶于水中，加8mL浓HCl，稀释至1L
NH$_3$-NH$_4$Cl	9.26	54g NH$_4$Cl 溶于水中，加63mL浓氨水，稀释至1L

附录5 常用基准物质的干燥条件及应用

基准物质	干燥后的组成	干燥条件/℃	标定对象
碳酸钠	Na_2CO_3	270~300	酸
硼砂	$Na_2B_4O_7 \cdot 10H_2O$	放在含 NaCl 和蔗糖饱和液的干燥器中	酸
草酸	$H_2C_2O_4 \cdot 2H_2O$	室温空气干燥	碱或 $KMnO_4$
邻苯二甲酸氢钾	$KHC_8H_4O_4$	110~120	碱
重铬酸钾	$K_2Cr_2O_7$	140~150	还原剂
溴酸钾	$KBrO_3$	130	还原剂
铜	Cu	室温干燥器中保存	还原剂
草酸钠	$Na_2C_4O_4$	130	氧化剂
碳酸钙	$CaCO_3$	110	EDTA
锌	Zn	室温干燥器中保存	EDTA
氧化锌	ZnO	900~1000	EDTA
氯化钠	NaCl	500~600	$AgNO_3$
硝酸银	$AgNO_3$	280~290	氯化物

附录6 定量分析中常用的掩蔽剂

被掩蔽的离子	掩蔽剂
Ag^+	CN^-、Cl^-、Br^-、I^-、SCN^-、$S_2O_3^{2-}$、NH_3
Al^{3+}	EDTA、F^-、OH^-、柠檬酸、酒石酸、草酸、乙酰丙酮、丙二酸
As^{3+}	S^{2-}、二巯基丙醇、二巯基丙磺酸钠
Au^+	Cl^-、Br^-、I^-、SCN^-、$S_2O_3^{2-}$、NH_3
Ba^{2+}	F^-、SO_4^{2-}、EDTA
Be^{2+}	F^-、EDTA、乙酰丙酮
Bi^{3+}	Cl^-、Br^-、I^-、SCN^-、$S_2O_3^{2-}$、二巯基丙醇、柠檬酸
Ca^{2+}	F^-、EDTA、草酸盐
Cd^{2+}	I^-、CN^-、SCN^-、$S_2O_3^{2-}$、二巯基丙醇、二巯基丙磺酸钠
Ce^{3+}	F^-、EDTA、PO_4^{3-}
Co^{2+}	CN^-、SCN^-、$S_2O_3^{2-}$、二巯基丙醇、酒石酸
Cr^{3+}	EDTA、H_2O_2、$P_2O_7^{4-}$、三乙醇胺
Cu^{2+}	I^-、CN^-、SCN^-、$S_2O_3^{2-}$、二巯基丙醇、二巯基丙磺酸钠、半胱氨酸、氨基乙酸
Fe^{3+}	I^-、CN^-、$P_2O_7^{4-}$、三乙醇胺、乙酰丙酮、柠檬酸、酒石酸、草酸、盐酸羟胺

续表

被掩蔽的离子	掩蔽剂
Ga^{3+}	Cl^-、EDTA、柠檬酸、酒石酸、草酸
Ge^{4+}	F^-、酒石酸、草酸
Hg^{2+}	I^-、CN^-、SCN^-、$S_2O_3^{2-}$、二巯基丙醇、二巯基丙磺酸钠、半胱氨酸
In^{3+}	F^-、Cl^-、SCN^-、EDTA、巯基乙酸
La^{3+}	F^-、EDTA、苹果酸
Mg^{2+}	F^-、OH^-、乙酰丙酮、柠檬酸、酒石酸、草酸
Mn^{2+}	CN^-、F^-、二巯基丙醇
$Mo(V,VI)$	柠檬酸、酒石酸、草酸
Nd^{3+}	EDTA、苹果酸
NH_4^+	HCHO
Ni^{2+}	F^-、CN^-、SCN^-、二巯基丙醇、氨基乙酸、柠檬酸、酒石酸
Np^{4+}	F^-
Pb^{2+}	Cl^-、I^-、OH^-、$S_2O_3^{2-}$、二巯基丙醇、巯基乙酸、二巯基丙磺酸钠
Pd^{2+}	I^-、CN^-、SCN^-、$S_2O_3^{2-}$、乙酰丙酮
Pt^{2+}	I^-、CN^-、SCN^-、$S_2O_3^{2-}$、乙酰丙酮、三乙醇胺
Sb^{3+}	F^-、Cl^-、I^-、OH^-、$S_2O_3^{2-}$、柠檬酸、酒石酸、二巯基丙醇、二巯基丙磺酸钠
Sc^{3+}	F^-
Sn^{2+}	F^-、柠檬酸、酒石酸、草酸、三乙醇胺、二巯基丙醇、二巯基丙磺酸钠
Th^{4+}	F^-、SO_4^{2-}、柠檬酸
Ti^{3+}	F^-、PO_4^{3-}、三乙醇胺、柠檬酸、苹果酸
$Tl(I,III)$	CN^-、半胱氨酸
U^{4+}	PO_4^{3-}、柠檬酸、乙酰丙酮
$V(II,III)$	CN^-、EDTA、三乙醇胺、乙酰丙酮、草酸
$W(VI)$	PO_4^{3-}、EDTA、柠檬酸
Y^{3+}	F^-、环己二胺四乙酸
Zn^{2+}	CN^-、SCN^-、EDTA、二巯基丙醇、二巯基丙磺酸钠、巯基乙酸
Zr^{4+}	F^-、CO_3^{2-}、PO_4^{3-}、柠檬酸、酒石酸、草酸
Br^-	Ag^+、Hg^{2+}
BrO_3^-	SO_3^{2-}、$S_2O_3^{2-}$
$Cr_2O_7^{2-}$	SO_3^{2-}、$S_2O_3^{2-}$、盐酸羟胺
Cl^-	Hg^{2+}、Sb^{3+}
ClO^-	NH_3
ClO_3^-	$S_2O_3^{2-}$
ClO_4^-	SO_3^{2-}、盐酸羟胺

续表

被掩蔽的离子	掩蔽剂
CN^-	Hg^{2+}、HCHO
EDTA	Cu^{2+}
F^-	H_3BO_3、Al^{3+}、Fe^{3+}
H_2O_2	Fe^{3+}
I^-	Ag^+、Hg^{2+}
I_2	$S_2O_3^{2-}$
IO_3^-	SO_3^{2-}、$S_2O_3^{2-}$、N_2H_4
MnO_4^-	SO_3^{2-}、$S_2O_3^{2-}$、N_2H_4、盐酸羟胺
NO_2^-	Co^{2+}、对氨基苯磺酸
$C_2O_4^{2-}$	Ca^{2+}、MnO_4^-
PO_4^{3-}	Al^{3+}、Fe^{3+}

附录7 定量滤纸的型号及用途

型号	分类与标志	灰分/(mg/张)	孔径/μm	过滤物晶形	用于过滤的沉淀	对应的玻璃滤器号
201	快速 黑色或白色纸带	<0.10	80~120	胶状沉淀	$Fe(OH)_3$ $Al(OH)_3$ H_2SiO_3	G_1,G_2
202	中速 蓝色纸带	<0.10	30~50	一般晶形沉淀	SiO_2 $MgNH_4PO_4$ $ZnCO_3$	G_3
203	慢速 红色或橙色纸带	0.10	1~3	较细晶形沉淀	$BaSO_4$ CaC_2O_4 $PbSO_4$	G_4,G_5

附录8 常用干燥剂

干燥剂名称	干燥后空气中剩余水分/mg·L^{-1}	应用实例
硅胶	6×10^{-3}	NH_3、O_2、N_2、空气及仪器防潮
P_2O_5	2×10^{-5}	CS_2、H_2、O_2、SO_2、N_2、CH_4 等
$CaCl_2$	0.14	H_2、O_2、HCl、Cl_2、H_2S、NH_3、CO_2、CO、SO_2、N_2、CH_4、乙醚等

续表

干燥剂名称	干燥后空气中剩余水分/mg·L^{-1}	应用实例
碱石灰	—	NH_3、O_2、N_2 等,并可除去气体中的 CO_2 和酸气
浓硫酸	3×10^{-3}	As_2O_3、I_2、$AgNO_3$、SO_2、卤代烃、饱和烃
分子筛	1.2×10^{-3}	H_2、O_2、空气、乙醇、乙醚、甲醇、吡啶、丙酮、苯等

附录 9　玻璃砂芯滤器新旧牌号对照及用途

新牌号	旧牌号	孔径/μm	用途
P1.6	G_6	≤1.6	滤除大肠杆菌及葡萄球菌
P4	G_5	1.6~4	滤除极细沉淀及较大杆菌
P10	G_4	4~10	滤除细颗粒沉淀
P16	G_4A	10~16	滤除细沉淀及收集小分子气体
P40	G_2、G_3	16~40	滤除细沉淀及水银过滤
P100	G_1	40~100	滤除较粗沉淀及处理水
P160	G_0	100~160	滤除粗粒沉淀及收集气体
P250	G_{00}	160~250	滤除大颗粒沉淀

附录 10　常用坩埚的使用条件

坩埚材料	最高使用温度/℃	适用试剂	备注
瓷	1100	除氢氟酸、强碱、碳酸钠、焦硫酸盐外都可用	膨胀系数小,耐酸,价廉
刚玉	1600	碳酸钠、硫代硫酸钠等	耐高温,质坚,易碎,不耐酸
铂	1200	碱熔融、氢氟酸处理样品等	质软、易划伤
银	700	苛性碱及过氧化钠熔融	高温时易氧化,不耐酸,尤其不能接触热硝酸
镍	900	过氧化钠及碱熔融	价廉,可替代银坩埚使用,不易氧化
铁	600	过氧化钠等	价廉,可替代镍坩埚使用
石英	1000	焦硫酸钾、硫酸氢钾等	不可使用氢氟酸、苛性碱等
聚四氟乙烯	200	各种酸碱	主要替代铂坩埚用于氢氟酸分析试样

附录 11 常见化合物的分子量

化合物	分子量	化合物	分子量	化合物	分子量
Ag_3AsO_4	462.52	$CoCl_2$	129.84	$Fe(NO_3)_3 \cdot 9H_2O$	404.00
$AgBr$	187.77	$CoCl_2 \cdot 6H_2O$	237.93	FeO	71.85
$AgCl$	143.32	$Co(NO_3)_2$	182.94	Fe_2O_3	159.69
$AgCN$	133.89	$Co(NO_3)_2 \cdot 6H_2O$	291.03	Fe_3O_4	231.54
$AgSCN$	165.95	CoS	90.99	$Fe(OH)_3$	106.87
Ag_2CrO_4	331.73	$CoSO_4$	154.99	FeS	87.91
AgI	234.77	$CoSO_4 \cdot 7H_2O$	281.10	Fe_2S_3	207.87
$AgNO_3$	169.87	$CO(NH_2)_2$(尿素)	60.06	$FeSO_4$	151.91
$AlCl_3$	133.34	$CS(NH_2)_2$(硫脲)	76.116	$FeSO_4 \cdot 7H_2O$	278.01
$AlCl_3 \cdot 6H_2O$	241.43	C_6H_5OH	94.113	$Fe(NH_4)_2(SO_4)_2 \cdot 6H_2O$	392.13
$Al(NO_3)_3$	213.00	CH_2O	30.03	H_3AsO_3	125.94
$Al(NO_3)_3 \cdot 9H_2O$	375.13	$C_{14}H_{14}N_3O_3SNa$(甲基橙)	327.33	H_3AsO_4	141.94
Al_2O_3	101.96	$C_6H_5NO_3$(硝基酚)	139.11	H_3BO_3	61.83
$Al(OH)_3$	78.00	$C_4H_8N_2O_2$(丁二酮肟)	116.12	HBr	80.91
$Al_2(SO_4)_3$	342.14	$(CH_2)_6N_4$(六亚甲基四胺)	140.19	HCN	27.03
$Al_2(SO_4)_3 \cdot 18H_2O$	666.41	$C_7H_6O_5S \cdot 2H_2O$		$HCOOH$	46.03
As_2O_3	197.84	(磺基水杨酸)	254.22	CH_3COOH	60.05
As_2O_5	229.84	C_9H_6NOH(8-羟基喹啉)	145.16	H_2CO_3	62.02
As_2S_3	246.03	$C_{12}H_8N_2 \cdot H_2O$(邻菲啰啉)	198.22	$H_2C_2O_4$	90.04
$BaCO_3$	197.34	$C_2H_5NO_2$		$H_2C_2O_4 \cdot 2H_2O$	126.07
BaC_2O_4	225.35	(氨基乙酸,甘氨酸)	75.07	$H_2C_4H_4O_4$(丁二酸)	118.09
$BaCl_2$	208.24	$C_6H_{12}N_2O_4S_2$(L-胱氨酸)	240.30	$H_2C_4H_4O_6$(酒石酸)	150.09
$BaCl_2 \cdot 2H_2O$	244.27	$CrCl_3$	158.36	$H_3C_6H_5O_7 \cdot H_2O$(柠檬酸)	210.14
$BaCrO_4$	253.32	$CrCl_3 \cdot 6H_2O$	266.45	$H_2C_4H_4O_5$(DL-苹果酸)	134.09
BaO	153.33	$Cr(NO_3)_3$	238.01	$HC_3H_6NO_2$(DL-α-丙氨酸)	89.10
$Ba(OH)_2$	171.34	Cr_2O_3	151.99	HCl	36.46
$BaSO_4$	233.39	$CuCl$	99.00	HF	20.01
$BiCl_3$	315.34	$CuCl_2$	134.45	HI	127.91
$BiOCl$	260.43	$CuCl_2 \cdot 2H_2O$	170.48	HIO_3	175.91
CO_2	44.01	$CuSCN$	121.62	HNO_2	47.01
CaO	56.08	CuI	190.45	HNO_3	63.01
$CaCO_3$	100.09	$Cu(NO_3)_2$	187.56	H_2O	18.015
CaC_2O_4	128.10	$Cu(NO_3)_2 \cdot 3H_2O$	241.60	H_2O_2	34.015
$CaCl_2$	110.99	CuO	79.54	H_3PO_4	98.00
$CaCl_2 \cdot 6H_2O$	219.08	Cu_2O	143.09	H_2S	34.08
$Ca(NO_3)_2 \cdot 4H_2O$	236.15	CuS	95.61	H_2SO_3	82.07
$Ca(OH)_2$	74.09	$CuSO_4$	159.06	H_2SO_4	98.07
$Ca_3(PO_4)_2$	310.18	$CuSO_4 \cdot 5H_2O$	249.68	$Hg(CN)_2$	252.63
$CaSO_4$	136.14	$FeCl_2$	126.75	$HgCl_2$	271.50
$CdCO_3$	172.42	$FeCl_2 \cdot 4H_2O$	198.81	Hg_2Cl_2	472.09
$CdCl_2$	183.82	$FeCl_3$	162.21	HgI_2	454.40
CdS	144.47	$FeCl_3 \cdot 6H_2O$	270.30	$Hg_2(NO_3)_2$	525.19
$Ce(SO_4)_2$	332.24	$FeNH_4(SO_4)_2 \cdot 12H_2O$	482.18	$Hg_2(NO_3)_2 \cdot 2H_2O$	561.22
$Ce(SO_4)_2 \cdot 4H_2O$	404.30	$Fe(NO_3)_3$	241.86	$Hg(NO_3)_2$	324.60

续表

化合物	分子量	化合物	分子量	化合物	分子量
HgO	216.59	MnO	70.94	NaOH	40.00
HgS	232.65	MnO_2	86.94	Na_3PO_4	163.94
$HgSO_4$	296.65	MnS	87.00	Na_2S	78.04
Hg_2SO_4	497.24	$MnSO_4$	151.00	$Na_2S \cdot 9H_2O$	240.18
$KAl(SO_4)_2 \cdot 12H_2O$	474.38	$MnSO_4 \cdot 4H_2O$	223.06	Na_2SO_3	126.04
KBr	119.00	NO	30.01	Na_2SO_4	142.04
$KBrO_3$	167.00	NO_2	46.01	$Na_2S_2O_3$	158.10
KCl	74.55	NH_3	17.03	$Na_2S_2O_3 \cdot 5H_2O$	248.17
$KClO_3$	122.55	CH_3COONH_4	77.08	$NiCl_2 \cdot 6H_2O$	237.70
$KClO_4$	138.55	$NH_2OH \cdot HCl$(盐酸羟胺)	69.49	NiO	74.70
KCN	65.12	NH_4Cl	53.49	$Ni(NO_3)_2 \cdot 6H_2O$	290.80
KSCN	97.18	$(NH_4)_2CO_3$	96.09	NiS	90.76
K_2CO_3	138.21	$(NH_4)_2C_2O_4$	124.10	$NiSO_4 \cdot 7H_2O$	80.86
K_2CrO_4	194.19	$(NH_4)_2C_2O_4 \cdot H_2O$	142.11	$Ni(C_4H_7N_2O_2)_2$	
$K_2Cr_2O_7$	294.18	NH_4SCN	76.12	(丁二酮肟合镍)	288.91
$K_3Fe(CN)_6$	329.25	NH_4HCO_3	79.06	P_2O_5	141.95
$K_4Fe(CN)_6$	368.35	$(NH_4)_2MoO_4$	196.01	$PbCO_3$	267.21
$KFe(SO_4)_2 \cdot 12H_2O$	503.24	NH_4NO_3	80.04	PbC_2O_4	295.22
$KHC_2O_4 \cdot H_2O$	146.14	$(NH_4)_2HPO_4$	132.06	$PbCl_2$	278.10
$KHC_2O_4 \cdot H_2C_2O_4 \cdot H_2O$	254.19	$(NH_4)_2S$	68.14	$PbCrO_4$	323.19
$KHC_4H_4O_6$(酒石酸氢钾)	188.18	$(NH_4)_2SO_4$	132.13	$Pb(CH_3COO)_2$	325.29
$KHC_8H_4O_4$		NH_4VO_3	116.98	$Pb(CH_3COO)_2 \cdot 3H_2O$	379.30
(邻苯二甲酸氢钾)	204.22	Na_3AsO_3	191.89	PbI_2	461.01
$KHSO_4$	136.16	$Na_2B_4O_7$	201.22	$Pb(NO_3)_2$	331.21
KI	166.00	$Na_2B_4O_7 \cdot 10H_2O$	381.37	PbO	223.20
KIO_3	214.00	$NaBiO_3$	279.97	PbO_2	239.20
$KIO_3 \cdot HIO_3$	389.91	NaCN	49.01	$Pb_3(PO_4)_2$	811.54
$KMnO_4$	158.03	NaSCN	81.07	PbS	239.30
$KNaC_4H_4O_6 \cdot 4H_2O$	282.22	Na_2CO_3	105.99	$PbSO_4$	303.30
KNO_3	101.10	$Na_2CO_3 \cdot 10H_2O$	286.14	SO_3	80.06
KNO_2	85.10	$Na_2C_2O_4$	134.00	SO_2	64.06
K_2O	94.20	CH_3COONa	82.03	$SbCl_3$	228.11
KOH	56.11	$CH_3COONa \cdot 3H_2O$	136.08	$SbCl_5$	299.02
K_2SO_4	174.25	$Na_3C_6H_5O_7$(柠檬酸钠)	258.07	Sb_2O_3	291.50
$MgCO_3$	84.31	$NaC_5H_8NO_4 \cdot H_2O$		Sb_2S_3	339.68
$MgCl_2$	95.21	(L-谷氨酸钠)	187.13	SiF_4	104.08
$MgCl_2 \cdot 6H_2O$	203.30	NaCl	58.44	SiO_2	60.08
MgC_2O_4	112.33	NaClO	74.44	$SnCl_2$	189.60
$Mg(NO_3)_2 \cdot 6H_2O$	256.41	$NaHCO_3$	84.01	$SnCl_4$	260.50
$MgNH_4PO_4$	137.32	$Na_2HPO_4 \cdot 12H_2O$	358.14	$SnCl_4 \cdot 5H_2O$	350.58
MgO	40.30	$Na_2H_2C_{10}H_{12}O_8N_2$		SnO_2	150.69
$Mg(OH)_2$	58.32	(EDTA 二钠盐)	336.21	SnS	150.75
$Mg_2P_2O_7$	222.55	$Na_2H_2C_{10}H_{12}O_8N_2 \cdot 2H_2O$	372.24	$SrCO_3$	147.63
$MgSO_4 \cdot 7H_2O$	246.47	$NaNO_2$	69.00	SrC_2O_4	175.64
$MnCO_3$	114.95	$NaNO_3$	85.00	$SrCrO_4$	203.61
$MnCl_2 \cdot 4H_2O$	197.91	Na_2O	61.98	$Sr(NO_3)_2$	211.63
$Mn(NO_3)_2 \cdot 6H_2O$	287.04	Na_2O_2	77.98	$Sr(NO_3)_2 \cdot 4H_2O$	283.69

续表

化合物	分子量	化合物	分子量	化合物	分子量
$SrSO_4$	183.69	$Zn(CH_3COO)_2$	183.47	ZnS	97.44
$ZnCO_3$	125.39	$Zn(CH_3COO)_2 \cdot 2H_2O$	219.50	$ZnSO_4$	161.54
$UO_2(CH_3COO)_2 \cdot 2H_2O$	424.15	$Zn(NO_3)_2$	189.39	$ZnSO_4 \cdot 7H_2O$	287.55
ZnC_2O_4	153.40	$Zn(NO_3)_2 \cdot 6H_2O$	297.48		
$ZnCl_2$	136.29	ZnO	81.38		

附录12 定量分析化学实验仪器清单

名称	规格	数量	名称	规格	数量
滴定管	酸式 50mL	1	试剂瓶	1000mL 棕色	1
	碱式 50mL	1		1000mL 无色,橡胶塞	1
移液管	25mL	1		500mL 无色	1
容量瓶	100mL	1	玻璃棒	12~13cm	2
	250mL	1		16~18cm	2
量筒	10mL	1	称量瓶	25mm×40mm	2
	100mL	1	玻璃漏斗	$d=7$cm	2
锥形瓶	250mL	3	滴管	15cm	2
烧杯	100mL	2	塑料洗瓶	500mL	1
	250mL	2	干燥器	$d=16$cm	1
	400mL	2	瓷坩埚	25mL	2
	1000mL	1	白瓷点滴板	15cm×15cm	1
表面皿	$d=4.5$cm	3	洗耳球	60mL	1
	$d=6$cm	2	搪瓷盘	25cm×20cm	1

参 考 文 献

[1] 武汉大学. 分析化学实验. 第 5 版. 北京：高等教育出版社，2011.
[2] 北京大学化学与分子工程学院分析化学教研组. 基础分析化学实验. 第 3 版. 北京：北京大学出版社，2010.
[3] 成都科学技术大学分析化学教研组，浙江大学分析化学教研组. 分析化学实验. 第 2 版. 北京：高等教育出版社，1989.
[4] 吉林大学化学系分析化学教研室. 分析化学实验. 长春：吉林大学出版社，1992.
[5] 宋桂兰. 仪器分析实验. 第 2 版. 北京：科学出版社，2015.
[6] 武汉大学. 分析化学. 第 6 版. 北京：高等教育出版社，2016.
[7] GB/T 1714—2007　中华人民共和国国家标准　化学分析滤纸，2007.
[8] GB 11415—1989　中华人民共和国国家标准　实验室烧结（多孔）过滤器-孔径、分级和牌号，2007.
[9] 孙福生，王崇臣，曹鹏等. 环境分析化学实验. 北京：化学工业出版社，2011.
[10] 崔学桂，张晓丽，胡清萍等. 基础化学实验（Ⅰ）——无机及分析化学实验. 第 2 版. 北京：化学工业出版社，2007.
[11] 李月云，张慧，王平，张道鹏等. 无机化学实验. 第 2 版. 北京：化学工业出版社，2017.
[12] 王亦军，李月云，张浴晖等. 分析化学实验. 北京：化学工业出版社，2009.
[13] 庄京，林晶明. 基础分析化学实验. 北京：高等教育出版社，2007.
[14] 汤又文等. 分析化学实验. 北京：化学工业出版社，2007.
[15] 四川大学化工学院，浙江大学化学系. 分析化学实验. 第 3 版. 北京：高等教育出版社，2003.
[16] 武汉大学化学与分子科学学院实验中心. 分析化学实验. 武汉：武汉大学出版社，2003.
[17] 罗盛旭，范春蕾等. 分析化学实验. 北京：化学工业出版社，2016.
[18] 瞿颖，周红洋等. 分析化学综合实验. 合肥：合肥工业大学出版社，2014.
[19] 彭晓文，程玉红等. 分析化学实验. 北京：中国铁道出版社，2014.
[20] 王冬梅等. 分析化学实验. 武汉：华中科技出版社，2007.
[21] 范星河，李国宝. 综合化学实验. 北京：北京大学出版社，2009.

元素周期表